AF389628

NEUROPHILOSOPHIE
DE L'ESPRIT

PIERRE BUSER

NEUROPHILOSOPHIE DE L'ESPRIT

Ces neurones qui voudraient
expliquer le mental

Préface de François Gros

À la mémoire de mon épouse Arlette Rougeul-Buser.
À Bernard, Édith et Myriam, mes enfants, et leurs conjoints.
À mes petits-enfants.

PRÉFACE
DE FRANÇOIS GROS

Qu'un de nos plus grands experts contemporains dans le domaine de la neurophysiologie, à l'issue d'une carrière de chercheur et d'analyste aussi riche que variée, nous livre ses conceptions actuelles sur l'esprit, la conscience et leurs infinies manifestations, sans négliger ni les références à l'histoire des idées ni les diverses théories de portée explicative, confère à cet ouvrage un caractère aussi attachant que fascinant.

Dans ce vaste champ d'études, aux confins de la psychologie, des neurosciences et du débat philosophique, se sont dégagées, jusqu'à présent, des positions généralement tranchées. Certaines, relevant d'une conception purement matérialiste, considèrent nos fonctions cérébrales comme de pures résultantes des activités des neurones du système nerveux central. Leurs correspondances fonctionnelles avec les facultés mentales devraient peu à peu livrer leur secret. D'autres approches correspondent à une attitude dualiste : sans écarter en aucune façon les travaux des neurobiologistes, elles réservent cependant à l'esprit une dimension particulière. Enfin, le spiritualisme se réclame d'une conception métaphysique, voire mystique, de ce même esprit et, donc, de forces ou d'instructions à caractère transcendant échappant à la pure analyse scientifique.

Pierre Buser, comme il le dit, a choisi d'aller plus loin. Tout en se défendant de toute tendance spiritualiste, il se définit comme un « néodualiste ». Son parti est de « conserver l'esprit », en lui désignant un contour particulier, « sorte d'espace distinct du corps, mais en contact direct avec lui ». Pour passer de l'objectif (par exemple, de l'activité neuronale pure) au subjectif et à ses diverses manifestations mentales (pensées, émotions, etc.) interviendraient, selon lui, des « traducteurs », opérant à la frontière neurone-mental. Ainsi se produirait une véritable « bascule qualitative ».

Comprendre ce passage, résoudre la nature de cette « traduction », permettrait d'accepter un jour le « subjectif mental » comme une réalité scientifique. Si Pierre Buser reconnaît que le mécanisme nous en échappe encore, si la nature de ce « saut » demeure incomprise, on peut néanmoins l'éprouver, le « vivre » en quelque sorte, grâce à l'introspection. Ainsi inspiré, l'auteur se livre à une sorte de néo-exploration de la conscience, cette fonction de connaissance introspective de notre activité mentale, tournée tantôt vers le monde extérieur, tantôt vers la connaissance qu'elle a d'elle-même ou de ce qui se passe dans l'esprit de l'autre.

Pour tenter de mieux en cerner l'éclosion, les contours et les limites, une des démarches n'est-elle pas de comparer l'homme à l'animal ? Ce en quoi Pierre Buser excelle, lui, ce neurophysiologiste rompu à l'étude du comportement animal, qui n'hésite pas à exposer ses idées à son chat familier et s'est intéressé aussi aux bonobos ! Ainsi entraîne-t-il le lecteur à suivre l'éclosion de ce qu'il appelle la « conscience primaire » ou « conscience de base », que partagent l'homme et certaines espèces animales, pour atteindre diverses formes de conscience réflexive propres à l'homme, lesquelles nous fournissent une connaissance introspective de notre activité mentale, tout en nous renseignant sur celle de l'autre. Interviennent ici les fameux neurones miroirs dont on sait que la découverte a révolutionné notre connaissance concernant notre aptitude à deviner l'action et à comprendre les intentions de l'autre, ouvrant un champ nouveau d'approche à cette manifestation subjective dont on parle tant aujourd'hui et que l'on qualifie d'empathie.

Mais, s'il est bien un domaine de l'esprit qui de tout temps a fasciné notre espèce et qui passionne tant de philosophes, d'écrivains et de poètes, sans oublier les publicistes, c'est bien celui de l'inconscient. Le lecteur ne sera pas déçu par l'extraordinaire voyage auquel nous invite l'auteur pour explorer cet état de notre esprit. Située entre l'inconscient cognitif et l'intuition, « cette connaissance immédiate sans interposition de raisonnement ou d'éléments symboliques, entre le sujet et l'objet », implique un véritable processus de filtration – comme dans nos « illuminations » –, sorte de « darwinisme mental » (J.-P. Changeux et A. Connes), et dont l'émotion est le principal moteur.

Enfin, conforme à son « engagement » de ne rien négliger de nos états mentaux et de nos comportements qui oscillent entre la conscience claire et les diverses manifestations qu'elle peut emprunter dans le champ de la subjectivité, l'auteur consacre une autre partie de sa réflexion à ce que l'on dénomme souvent les « états modifiés de conscience ». Ce n'est pas là le moindre attrait de ce grand voyage à travers les dimensions multiformes de notre activité mentale. Deux manifestations de ces états modifiés y sont analysées. La première est l'hypnose, « une modification originale, corporelle et mentale du sujet ». Depuis les fameuses expériences de Messmer sur les thérapies par les « forces inconscientes », en passant par les célèbres travaux de Charcot sur l'état d'hystérie, l'hypnose apparaît à Pierre Buser comme une véritable « bascule conscientielle d'ensemble », qui nous place dans un état particulier, distinct du sommeil, effaçant l'initiative motrice et « ouvrant une fenêtre sur l'inconscient ». L'autre état modifié, d'une portée psychologique et sociale très forte, objet ici d'une analyse particulièrement fouillée au plan tant historique que scientifique, est la méditation. Pierre Buser en analyse les multiples manifestations rattachables aux mysticismes de tant de religions et de civilisations. Comme le révèle l'auteur en guise de conclusion, c'est en comparant ces deux états modifiés, hypnose et méditation, que s'est détachée une caractéristique commune. Toutes deux reposent, en effet, sur le rôle de la « posture » somatique ou sur la monotonie de gestes symboliques, de paroles, voire de simples mots, dans l'apparition de mécanismes cérébraux modulant la conscience et peut-être même la vigilance.

Soulignons pour terminer que, tout savant et tout érudit que soit l'auteur de cet ouvrage, Pierre Buser parvient, dans l'exploration de ce domaine infiniment complexe, à se mettre à la portée du lecteur. La limpidité du style, le caractère direct et simple du dialogue permanent qu'il entretient, sans jamais sacrifier à l'exhaustivité de l'analyse tant philosophique et historique que scientifique, contribuent à faire de ce livre un grand livre.

INTRODUCTION

« *Wovon man nicht sprechen kann darüber muss man schweigen.* »

Ludwig WITTGENSTEIN[1].

Expliquer le mental[2] à partir du cerveau ? Où est le problème ? diront les uns, estimant que la mécanique neuronale du cerveau est celle qui crée et sur laquelle repose le mental. Comment seulement espérer que la complexité de l'esprit puisse être fondée sur le seul fonctionnement cérébral ? diront en revanche d'autres. Mieux vaut ne pas soulever la question, penseront un peu hypocritement tant d'autres encore. Or cette respectable controverse, née sous une forme bien sûr beaucoup plus indirecte et plus philosophique il y a 2 500 ans ou davantage, se poursuit inlassablement, avec des sujets ponctuels de luttes et de discussions à propos de l'un ou l'autre de ses aspects, mais avec un fond de réactions intellectuelles et surtout affectivo-émotionnelles où, compte tenu du thème lui-même, la personnalité du penseur ne manque pas d'être puissamment engagée. Le fait d'avoir lu, entendu discuter, d'avoir discuté

---

1. « Sur ce dont on ne sait pas parler, il convient de garder le silence », *Tractatus logico-philosophicus* (1918).

2. Précisons bien la signification de « mental » dans l'ensemble de l'ouvrage : « Qui correspond au psychique par opposition à l'organique physiologique et, donc, matériel. »

et débattu moi-même, perçu des arguments qui se voulaient définitifs pour l'un ou l'autre camp, cela pendant tant de décennies, au point d'en être tout à la fois blasé et saturé, au point de laisser jouer mon naturel scepticisme, m'a incité à établir une sorte de bilan rapide, en essayant de fragmenter cet énorme pêle-mêle de problématiques en plusieurs ensembles distincts.

> *« Quelle prétention », m'a alors signifié Baltha-zar, un aristo-chat roux et surdoué de mes amis. Comme pour me souhaiter bon courage...*

CHAPITRE PREMIER

THÉORIES SUR LA STRUCTURE
DE L'ESPRIT

Et voici une première analyse, et non des moindres. Elle concerne la structure de l'esprit. Problème certes ancien, mais qui reste une des interrogations les plus fondamentales de l'analyse philosophique du vivant. Et dont une certaine discussion parfaitement contemporaine reste, on va le voir, toujours ancrée à des points de repère sur lesquels la modernité a ajouté des subtilités, mais où ne règne toujours pas de consensus, malgré les progrès des approches méthodologiques et instrumentales.

Des options essentielles

Traduit dans une perspective actualisée, le problème corps-esprit est devenu cerveau-mental dès lors que l'on a considéré le cerveau comme substrat corporel de l'esprit. Il est donc intéressant, pour situer les idées, de rappeler la vision transdisciplinaire que l'on a ce jour du problème cerveau-mental. La figure 1 en est un schéma simplifié, largement actualisé.

En un inventaire très global et sans nuances, les cases supérieures du schéma situent les principales

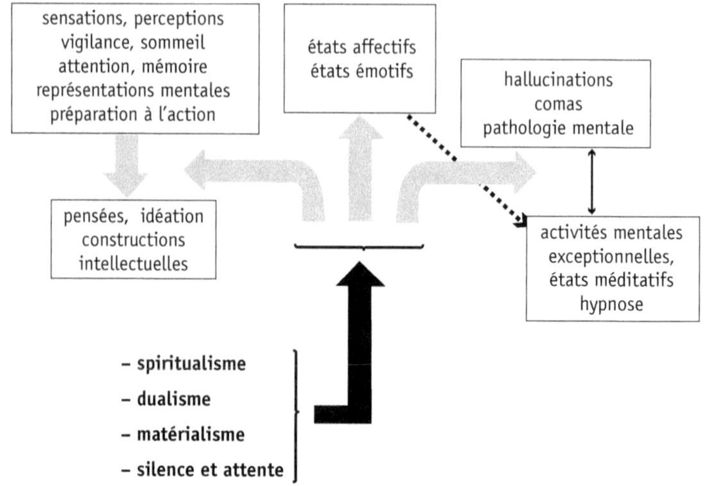

Figure 1. Disciplines et théories du mental.
Cases supérieures : principales fonctions de la psychologie (objectivité et subjectivité confondues) et psychopathologie cérébrale. De gauche à droite : fonctions cognitives et d'action et de réflexion ; états émotionnels et affectifs ; états neuro-psycho-pathologiques ; activités mentales extraordinaires et méditatives. En bas à gauche : options philosophiques occidentales traditionnelles et option supplémentaire « silence et attente ».

fonctions que délimitent la psychologie (toute subjectivité et toute objectivité confondues) ainsi que la psychopathologie cérébrale : à gauche, la boîte des fonctions cognitives traditionnelles et des processus d'action, puis de réflexion ; au centre, celle des états émotionnels[1] et affectifs ; à droite, celle d'un certain nombre d'états vus comme neuro-psychopathologiques, avec un espace particulier réservé aux activités mentales extraordinaires et méditatives possiblement liées soit à l'émotionnel, soit à la psychopathologie. Quant à la flèche noire, son origine désigne précisément les trois

---

1. Pardon pour ce terme que le français persiste à ne pas aimer malgré de célèbres utilisateurs, ne serait-ce que Bergson !

traditionnelles familles d'options philosophiques qui préten-
dent chacune comprendre la nature du mental : il s'agit, bien
sûr, des attitudes spiritualistes, dualistes et matérialistes ;
une autre classe de pensée s'est invitée assez naturellement
au fil des ans, qualifions-la provisoirement, et faute de mieux,
de silencieuse et d'attentiste.

Avec le choix cartésien, qui s'est imposé au XVIIᵉ siècle,
en Occident, de séparer l'esprit, substance spirituelle, de celle
matérielle du corps est né ce qu'on nomme le dualisme de
substance. En face, on trouve les monismes. L'un d'eux est
demeuré assez discret au cours des temps ; il voit le corps
dépendre de l'immatériel de l'esprit, c'est le monisme spiritualiste avec Berkeley ou aussi Hegel (« la seule substance
est l'esprit »). Pour l'autre monisme, dit matérialiste, c'est
l'esprit qui est, au contraire, le produit du corps : ses manifestations qui ne sont explorables et identifiables que par
l'introspection subjective sont sans valeur scientifique au
regard des mécanismes du corps matériel. Ce monisme matérialiste a eu une très longue carrière et des avatars multiples.
Il a pris son envol au XIXᵉ siècle et se prolonge bien entendu
largement dans la pensée contemporaine (Bunge, 2008).

L'option « du silence et de l'attente » évoque, quant à elle,
une attitude de réserve vis-à-vis de l'explosion des données de
l'investigation instrumentale du cerveau, nous y reviendrons.
Un dualisme attentiste ne constitue certes pas une option très
originale, mais peut atténuer un certain sectarisme qui toujours encore risque de marquer les débats, encore que la discussion dans ce domaine soit maintenant parsemée d'innombrables « ismes » et de subtiles nuances[2]. Certaines prises de
position seront évoquées à propos de la conscience.

____

2. À propos des dualismes, on peut lire ainsi : « Il est aujourd'hui
une forme de dualisme qui se dit méthodologique et représente une position purement pragmatique (reconnue en particulier par les économistes),
mais qui, à la réflexion, n'est peut-être pas éloignée de la position attentiste que nous évoquions. L'homme a jusqu'ici échoué dans ses tentatives

Deux importantes
théories matérialistes

Voici précisément deux intéressantes prises de position matérialistes. C'est à la fin du XIXe siècle que sont nées les deux grandes théories que sont l'école russe de Pavlov et celle du béhaviorisme. Du côté russe, les précurseurs tels Setchenov, puis Bechterew et surtout Pavlov, ont basé leurs observations de « conditionnement » sur des paradigmes stimulus-réponse, sans aucune hypothèse « introspective » sur le comportement de l'animal. Le pavlovisme, ce radicalisme antispiritualiste, a introduit automatiquement, ne l'oublions pas, une vision de l'individu, animal et par extension humain, comme un système uniquement « réflexe » dont les réponses sont dictées par les stimulus dont les modalités d'associations et surtout de successions sont innombrables. Non sans une extraordinaire intuition, Pavlov et son école ont su bâtir un système très logique de mécanismes cérébraux, en particulier corticaux, du comportement. Le système en tant que tel ne tient évidemment plus, mais subsistent, toujours bien reconnues, des notions très précieuses telles que le rôle des modalités d'association et surtout de succession des stimulus et des réponses, ainsi que la notion, la plus importante peut-être,

---

de combler le fossé qu'il aperçoit entre l'esprit et la matière. Cet échec ne démontre pas la justesse d'une philosophie dualiste. Simplement, la science – au moins pour le temps présent – doit adopter une approche dualiste, moins comme explication philosophique que comme moyen méthodologique. Le dualisme méthodologique s'abstient de toute proposition concernant les essences et les constructions métaphysiques. Il se contente de tenir compte du fait que nous ne savons pas quel effet les événements extérieurs – physiques, chimiques et physiologiques – ont sur les pensées, idées et jugements de valeur des hommes. Cette ignorance divise le domaine de la connaissance en deux champs séparés : "Le champ des événements extérieurs, habituellement appelé nature, et le champ de la pensée et de l'action humaines" » (von Mises, 1957).

des processus d'inhibition. Il s'agit, précisons ce point, d'inhibition comportementale se déroulant dans le cerveau et guidant le comportement, processus qui n'a jamais jusqu'ici été clairement interprété en termes neuronaux.

L'histoire du béhaviorisme est à certains égards plus dramatique en ce qu'il a soulevé dans un Occident déjà très au fait des débats, de violentes réactions et n'a dès lors duré qu'un temps limité. Pour ce mouvement né au début du XXe siècle, le mental doit être considéré comme un épiphénomène à ignorer et à rejeter. Car, affirmaient ses théoriciens, ce n'est qu'à travers le comportement que la psychologie pourra devenir une vraie science, les états subjectifs ne pouvant jamais être mesurables. On pourrait s'étonner de ce soudain rabaissement de l'être animal à un dispositif stimulus-réponse. En fait, il représente sans aucun doute pour l'époque la seule approche du comportement accessible à la « science » alors tant admirée et qui permet de balayer ce qui est dès lors vu comme de l'obscurantisme passéiste. On cite volontiers aux États-Unis deux premières figures : Thorndike le précurseur (1904), puis Watson (1913) pour qui les processus cérébraux n'ayant dès lors aucune importance, la boîte cérébrale devant rester un mystère, les émotions, de simples réponses corporelles, les pensées, des paroles sous-vocales et l'esprit n'étant rien du tout. C'est plus tard, avec Skinner, que le béhaviorisme a trouvé sans doute son apogée, entre 1945 et 1960 environ. Celui-ci a su (avec grand talent) recommander aux psychologues de se concentrer uniquement sur les observables : notre environnement et notre comportement. Toutefois, il a introduit une variable autre, à savoir la motivation, ce qui lui valu l'appellation de néobéhavioriste. Le béhaviorisme a ensuite peu à peu perdu son rejet radical des processus mentaux, introduisant progressivement des mécanismes cérébraux internes entre l'« entrée » et la « sortie », dits aussi processus médiationnels ou variables intermédiaires, qui, inévitablement, ont attiré tout à la fois de nouveaux théoriciens et, les techniques se perfectionnant, des expérimentateurs avides de connaître les mécanismes nerveux internes[3].

Un intérêt nouveau apparaît alors pour le mental, tandis que se développe une psychologie nouvelle dite cognitive. Saluons le rôle joué par Donald Hebb qui, convaincu de l'existence de *holding mechanisms*[4] dans le système nerveux, attire l'attention sur la nécessité d'analyses neurophysiologiques en liaison avec le comportement (Hebb, 1949). À cet égard, il aura indubitablement été un précurseur. Dans un ouvrage pionnier lui aussi, Ulric Neisser (1967) ravive l'intérêt pour les processus mentaux et leur exploration. Certes, l'introspection n'est pas immédiatement la bienvenue, mais il est évident que l'intérêt retrouvé pour le mental suscite son retour. Assez vite apparaissent de la sorte des analyses sur la conscience, d'abord et essentiellement chez l'homme, puis également même chez l'animal. En sorte que, le climat s'y prêtant, de plus en plus d'intérêt se manifeste pour sa prise en compte en tant qu'une des entités fonctionnelles du mental ; nous y reviendrons[5].

---

3. En 1948 déjà, Tolman montre ainsi que le rat peut utiliser ce qu'il appelle des « cartes cognitives » pour adapter son comportement à partir d'expériences antérieures, ce qui rejoint les plus vieilles observations de Uexküll (1909).

4. C'est ainsi que Donald Hebb désigne des processus cérébraux qui « arrêtent » ou, plutôt, « retiennent » les opérations neuronales qui se déroulent entre le niveau d'entrée du stimulus et le niveau final de la réponse, ménageant de la sorte un temps à des mécanismes d'élaboration purement liés aux circuits neuronaux centraux intermédiaires.

5. Ces mouvements successifs ne semblent pas avoir beaucoup affecté la science russe qui reste très matérialiste. Mentionnons néanmoins Lev Vitgoskij (1896-1934), chercheur et théoricien, proche de Luria, mais qui s'est intéressé à la conscience. Manifestement hostile à l'idée d'une psychologie réflexive, Vitgoskij n'était pas dans la ligne de Pavlov et de Bechterw ainsi que celle des béhavioristes ; il était même favorable à la conscience telle que la voyaient les Occidentaux. Pour colorer tout de même sa pensée d'une nuance de marxisme, mentionnons le rôle essentiel qu'il reconnaît au milieu social et au langage dans le développement de l'enfant, avec des arguments tout à fait de bon sens.

De l'objectif au subjectif : débats autour de deux modèles fonctionnels

> *« Enfin ! Après toutes ces banalités !*
> *– Attends, Balthazar, tu vas voir ! »*

Arrivés à ce point de l'histoire, faut-il estimer que l'essentiel de la problématique spiritualisme-matérialisme, devenue mental-neural, mérite davantage d'examen aujourd'hui ? Il nous a semblé que oui, et nous avons décidé de poursuivre, en nous immisçant dans le flot d'anciennes discussions. Comment, compte tenu des tendances présentes, pourrait donc, dans l'avenir, évoluer ce problème fondamental spirituel-matériel qui, pour résumer, est celui du saut d'un domaine fondamental à un autre, de l'objectif au subjectif (ce que nous abrégeons volontiers en O → S) et du subjectif à l'objectif (S → O) ?

Un choix entre deux perspectives différentes s'est alors présenté à nous. La première est celle qui reste un peu vivante dans la « psychologie courante[6] ». Elle prévoit pour l'avenir, à partir de l'actuel dualisme, soit un plongeon dans le tout-matérialisme, soit le maintien d'un dualisme éventuellement évolué. La seconde perspective pose, elle, beaucoup plus radicalement les questions des passages O → S et S → O, soit de l'objectif au subjectif, du cérébral au mental, soit *vice versa*. Cette approche, que nous allons également

---

6. La philosophie mentale anglo-saxonne utilise volontiers l'expression *folk psychology* dans un sens assez large (psychologie courante, populaire, intuitive, etc.). Plus scientifiquement, la notion s'oppose (selon certains, dont Churchland et, dans une certaine mesure, Dennett) à l'éliminativisme, théorie qui réfute toute fonction psychologique uniquement définie à partir de l'intuition psychologique (sujective) ou du sens commun. Cette position n'est pas la nôtre, bien entendu.

détailler, est particulière en ce sens que nous maintiendrons que l'esprit n'a pas jusqu'ici trouvé une explication matérielle : nous lui associerons de ce fait une structure particulière dont le type de matérialité sera à déterminer. Nous deviendrons dualiste interactionniste, mais uniquement sur le plan fonctionnel, et parfaitement à l'écart de toute transcendance spiritualiste – désignons cette attitude, pour lui donner un nom, par les termes de « néodualisme interactionniste ». Cette option est hypothétique et audacieuse puisqu'elle vise à mettre en cause le contenu du « spiritualisme » dans sa conception traditionnelle actuelle.

PREMIÈRE PERSPECTIVE : OÙ SE SITUE LA BARRIÈRE SPIRITUEL-MATÉRIEL ?

En cette période de découvertes accélérées dans les domaines des neurosciences, y compris leurs méthodes toujours nouvelles d'investigation, nul n'est à vrai dire capable de prévoir quelle classe d'événements mentaux jusqu'ici attribuée au domaine spirituel – c'est-à-dire « scientifiquement inexpliqué » –, et non au biologique, va soudainement se trouver concomitante d'un signal cérébral inconnu jusque-là – phénomène qu'Eccles a qualifié en 2000 de « matérialisme de promesses ». Or, s'il est vrai que les options mesurées à l'aune soit scientifique, soit philosophique ont tendance à se rapprocher, il n'en demeure pas moins que, dans le jeu de l'esprit et pour des penseurs moins directement au fait de nos problématiques, l'opposition entre les options subsiste, au-delà de la discussion purement spécialisée, car elle a un enjeu autre que le simple échange intellectuel. En effet, elle engage presque inévitablement la prise de position métaphysique du penseur, voire de la société qui l'entoure. Autrement dit, l'enjeu de ce qui pourrait sembler être une dispute d'experts est en réalité bien plus important, car il touche aux convictions et aux options philosophiques profondes de chacun, celles d'accepter ou non une psyché scientifiquement explicable. Cela posé, on est d'autant plus tenté de s'intéresser à la frontière entre ces deux domaines ontologiques, celui de la matière et celui de l'esprit immatériel, inaccessible à la science. Or cette limite est loin d'être très fixe, car non seulement elle est liée aux personnalités qui les examinent, mais surtout elle est susceptible de se déplacer, le domaine de l'interprétation purement spiritualiste[7] reculant de plus en plus, repoussé par l'explication scientifique. Bien entendu, nul ne peut savoir ce qu'il adviendra de la recherche future et ce qu'il en sera de ce recul du domaine non scientifique. Du coup, le problème est, du moins au moment où nous l'examinons, strictement insoluble sur le plan objectif ; de plus en plus se joue ainsi une sorte de pari qui, pour certains, peut être fondamental. C'est un peu ce qui a inspiré la figure 2 ci-après. Nous y avons tracé ce qui pourrait, pour faire bref et un peu imaginativement, représenter actuellement le barrage matériel-spirituel.

À gauche, une crête fait donc la frontière. Elle sépare les tenants du matérialisme (« neuronal ») et ceux du dualisme (« mental »). Chaque camp essaie de franchir la crête, soit pour envahir l'autre camp, soit pour débattre et convaincre. Toutefois, la pente étant, semble-t-il, trop raide, aucun ne parvient à saisir réellement le camp adverse et s'en retourne avec les siens : le *statu quo* perdure. Dans la seconde hypothèse, schématisée à droite, c'est un fossé qui marque le barrage entre neuronal et mental. Ici encore, des membres des deux camps s'efforcent de rencontrer leurs adversaires et le creux est, cette fois, le site adéquat, mais

---

7. À partir de maintenant, il nous arrivera fréquemment d'utiliser les termes de spiritualisme et spiritualiste sans qu'ils désignent nécessairement et *stricto sensu* une ou des écoles philosophiques particulières. Un spiritualiste est, pour faire court, un sujet pour qui le psychisme est scientifiquement inexplicable et dont l'attitude est en principe religieuse. Ce laxisme de terminologie, un peu inévitable, ne devrait toutefois pas laisser de doute quant au sens général recherché.

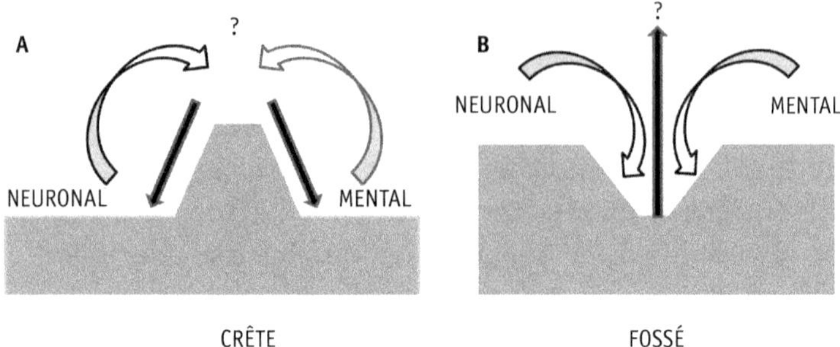

Figure 2. Rencontres hypothétiques
entre le neuronal et le mental.

Schémas résumant deux hypothèses imaginables pour la limite entre le domaine objectif du neural et le domaine subjectif considéré ici comme inaccessible à l'analyse scientifique. Sur le schéma de gauche, la limite est une crête ; sur celui de droite, c'est un fossé. Ce schéma, purement imaginatif, est commenté dans le texte.

il y a danger là encore, car il faut éviter de rester dans le creux et de ne pas pouvoir remonter – vers son camp ou vers l'autre camp. À la différence de la précédente situation, toutefois, les tenants de l'un et l'autre camp ont ainsi inévitablement l'occasion de discuter et de débattre (pacifiquement, bien sûr) et peut-être d'aboutir à quelque nouveau point de vue.

Il est probable que, dans les siècles passés, les deux situations se sont répétitivement rencontrées. Évidemment, la condition idéale serait celle de la discussion apaisée, lors d'une rencontre en terrain plat. Toutefois, une telle occasion n'a probablement été qu'exceptionnelle. Pour certains, le territoire du spirituel qui subsiste n'est que provisoire et sera tôt ou tard éliminé en faveur d'explications matérialistes, fussent-elles hautement émergentistes. Pour d'autres, au contraire, même si le domaine spiritualiste perd inévitablement du terrain, étant donné leur foi, il subsistera toujours à leurs yeux, malgré ce recul, une frange de spiritualité irréductible derrière un fossé ou une crête ;

telle est en tout cas sans doute la position des théologiens actuels des confessions les plus diverses. Nous retrouverons à plusieurs occasions, dans la suite de ce livre, ce problème, toujours irrésolu, de la coupure objectif-subjectif, ce que la littérature anglo-saxonne nomme *explanatory gap* – ou « fossé explicatif ».

SECONDE PERSPECTIVE :
VERS UNE CONCEPTION NÉODUALISTE

Mais n'est-il pas une autre classe de solutions possibles ? Ne peut-on supposer que le barrage figuré ci-dessus ne disparaît pas, mais que l'on découvre pour le mental une structure nouvelle vis-à-vis et du physique et du biologique ? La clé du problème ne peut être dans une unification structurale ou fonctionnelle, de toute manière actuellement encore impossible, les matérialistes le savent. Pour notre part, nous avons choisi de conserver l'esprit et de lui désigner un contour particulier : un espace théorique distinct du corps, mais en contact étroit avec lui. Avec cette proposition, sans doute semblons-nous faire un large pas en arrière, rappelant en quelque manière Descartes et son dualisme (1641), qu'on peut qualifier de dualisme interactionniste, puisque sa théorie associe au spiritualisme de l'époque une composante matérialiste : non seulement les états mentaux (*res cogitans*) sont dits de nature différente des états physiques (*res extensa*), mais ces états interagissent entre eux, le contact s'établissant par la glande médiane pinéale[8]. Très paradoxalement, nous ne rejetons pas entièrement le principe de ce modèle. Notre

---

8. La glande pinéale, unique (?), est un organe à ne pas se présenter sous forme d'un organe à deux parties symétriques par rapport au plan sagittal, qui serait de la sorte le siège de l'« âme ». Par ailleurs, la glande pinéale se trouve juste au-dessus de l'aqueduc de Sylvius dont Descartes pensait qu'il guidait les « esprits animaux » censés faire naître les sensations dans l'âme en frappant la glande pinéale.

hypothèse est de conserver l'image théorique de deux espaces, l'un nerveux n et l'autre mental m, entre lesquels peuvent s'établir hypothétiquement, en tout point, des interactions pouvant commander des actions de causalité dans un sens ($n \to m$) ou dans l'autre ($m \to n$). Il n'est en somme pas impensable, pour l'hypothèse que nous qualifierons désormais de néodualiste, de prendre comme lointaine référence le créateur reconnu du dualisme dans la mesure où il nous apporte un certain cadre conceptuel. Ce choix choquera sans doute plus d'un lecteur. Précisons tout de même que nous n'irons pas plus loin dans notre analogie.

Dans l'exposé général de sa théorie, Descartes met habituellement l'accent majeur sur la causalité vue dans le sens esprit $\to$ corps, autrement dit mental $\to$ neural[9] ; en franchissant, dans notre hardiesse, le pas dans le temps pour en venir à notre néodualisme interactionniste, nous avons décidé de considérer les deux sens de causalité avec, en pre-

---

9. Dans la plupart des exposés succincts et synthétiques de la théorie cartésienne est analysée l'action causale du mental sur le physique. Il est, en revanche, plus rarement fait état de l'action causale inverse : celle du corps sur l'esprit, du neural (organe des sens) sur le mental. Si certains analystes de la théorie mentionnent un peu vite l'action du mental sur le physique *et* l'action du physique sur le mental, assez rares sont ceux qui s'en expliquent. Descartes a exprimé son avis, assez réservé, à savoir que la sensation n'est pas une source fiable pour la connaissance. La perception n'est pour lui pas une vision, mais une inspection de l'esprit, susceptible de produire une idée soit imparfaite ou confuse, soit claire et distincte. C'est dans ce dernier cas seul que seront identifiées la perception et la vérité. Le corps, machine faite de circulation, n'a pas de passion, il n'a que des sensations ; l'âme est influencée par le corps et, de la sorte, développe des passions. Les sens dépendent des nerfs qui sont des tuyaux venus du cerveau qui produit des esprits animaux, corps petits et subtils qui se meuvent très rapidement. Les sensations arrivent au cerveau au moyen des nerfs et les esprits animaux vont par leur subtilité influencer l'âme. La glande pinéale est le seul lieu de passage où le corps rejoint l'âme. Les images cérébrales donnent des images dans l'âme. Et ce sont ces images qui créent la passion (la peur). S'il n'y avait que des images cérébrales il n'y aurait pas d'image dans l'âme. Et ce sont les esprits animaux qui agissent (Descartes, 1643-1649).

mier, le terrain de la causalité neural-mental $n \to m$, qui nous a paru la plus intéressante, mais seront aussi retenus des aspects du processus inverse $m \to n$.

La causalité neuro-mentale

Voici tout d'abord notre analyse de la causalité neurale – en pratique, de l'action des afférents sur le mental. D'emblée et avant toute discussion, examinons quelques faits de base[10].

- **L'effet de la stimulation corticale chez l'homme éveillé :
une traduction neuro-mentale ?**

Avec cette analyse de la causalité neurale, nous reprenons une idée qui s'est par le passé incidemment présentée au cours d'une collaboration suivie avec une équipe neurochirurgicale[11]. Il s'agissait à l'époque d'examiner les effets de la stimulation électrique ménagée et localisée d'une aire corticale chez un patient vigile en neurochirurgie exploratoire. L'observation *princeps* n'était pas récente (Fritz et Hitzig, 1890 ; Ferrier, 1886) bien sûr ; simple et aisée, elle a été décrite en détail par d'illustres précurseurs (Penfield et Perot, 1963) et sans cesse vérifiée depuis (Graaf *et al.*, 2000). On sait désormais que, chez le sujet éveillé porteur d'électrodes intracérébrales implantées, la stimulation électrique brève, même très ménagée, d'une aire corticale sensorielle – tactile, visuelle ou auditive – sera accompagnée d'une expérience subjective (consciente) dont la classe correspond à la zone corticale impliquée. Ainsi, un vécu tactile du patient sera suscité à partir du territoire cortical somesthésique, un

---

10. Bizarrement, à parcourir la littérature, on rencontre divers essais fort intéressants, mais avec des solutions qui ne semblent pas envisager ce type de solution et, finalement, jusqu'ici, conservent toutes le fossé d'explication.

11. Équipe comprenant Jean Talairach, Jean Bancaud et Gabor Szikla de l'hôpital Sainte-Anne à Paris.

phosphène à partir de l'aire visuelle ou la perception d'un bruit souvent qualifié d'acouphène à partir du territoire auditif[12]. À noter qu'une stimulation de même type du cortex moteur primaire déterminera des contractions musculaires finement localisées, non accompagnées d'un vécu conscient autre que celui créé par un éventuel mouvement suscité. Les modalités techniques de ces stimulations ont été variables selon les chercheurs et les époques : alors que Penfield et Perot signalent avoir eu recours à des stimulus isolés, Libet fait ainsi remarquer qu'il est nécessaire d'appliquer des chocs répétitifs (ménagés, bien sûr) pendant environ 500 ms pour déterminer l'expérience « tactile » consciente (Libet, 2005).

À notre surprise, nous n'avons pas lu ou entendu de question sur le mécanisme de ces sensations élémentaires. Elles ont été intuitivement attribuées à l'excitation d'un certain nombre de neurones ou d'un réseau immédiatement voisins de l'électrode intracorticale. Et ce que, précisément, nous avons retenu, c'est que cette excitation est accompagnée d'un vécu subjectif réel, si fruste soit-il, lié donc à une excitation limitée et sans substrat neuronal précis identifié. Dans le cas de l'aire visuelle, striée ou péristriée (voir annexe), par exemple, il ne semble pas que soit mis en jeu un réseau organisé, le patient ne déclarant voir que des éclairs lumineux, non colorés, et non des formes structurées. Plus récemment, ces observations ont été complétées et techniquement facilitées par l'utilisation de la stimulation magnétique transcrânienne (ou TMS[13]) qui évite toute pénétration intracrânienne des électrodes. On a alors noté des

---

12. L'expérience sensorielle devient complexe si le stimulus concerne une aire auditive non primaire.

13. La méthode (Baker, 1985) consiste à appliquer une impulsion magnétique sur l'encéphale à travers le crâne de façon indolore au moyen d'une bobine. Conformément à la loi de Lenz-Faraday, la variation rapide du flux magnétique induit un champ électrique qui modifie l'activité des neurones situés dans le champ magnétique.

perceptions tactiles par TMS isolées au-dessus de l'aire somatique[14] (Cohen *et al.*, 1997) ainsi que des phosphènes statiques et même colorés par TMS au voisinage du cortex visuel V1 (Cowey et Walsh, 2001 ; Stewart *et al.*, 2001).

On a souvent rétorqué que ces observations fondées sur des stimulations électriques étaient certes des aides précieuses à la localisation corticale, mais qu'elles étaient absolument artificielles : la sensation consciente suscitée n'aurait, par son caractère fruste et élémentaire, en aucun cas et à aucun égard, la qualité d'une perception normale liée à la stimulation naturelle du récepteur sensoriel correspondant. L'argument est évident, mais ce type d'observation pourrait, à notre sens, avoir, au contraire, une valeur ; elle enseignerait, pensons-nous, que la mise en jeu proximale (rapprochée) d'un certain nombre de neurones corticaux (disons, au mieux peut-être d'un certain réseau) est susceptible d'être la cause d'un vécu subjectif, si fruste et si élémentaire soit-il, à partir des neurones sollicités. Tout se passerait comme si, par un mécanisme actuellement totalement inconnu, le sujet percevait (on dirait volontiers : « lisait ») consciemment l'effet de l'activité de ces neurones sous la forme d'une expérience subjective « simple ». Fait essentiel, cette expérience ne serait – et c'est là le fond de notre hypothèse – ni de la qualité physique du stimulus, ni de celle du signal biologique neuronal, mais bien de la qualité dite *subjective* d'une vraie sensation, ce qu'il faudrait bien alors qualifier de transformation qualitative ou de « saut transdomaine » du domaine « matériel » au domaine « mental », de l'objectif mesurable au subjectif non mesurable, tout cela se situant à une échelle très élémentaire. Il s'agirait, en somme, d'une qualité subjective, un sous-*qualia*[15] né à partir d'un groupe de neurones du territoire cortical mis en jeu.

---

14. De manière absolument indolore.

15. Avec les sous-*qualia*, nous anticipons sur une terminologie utilisée à propos de la conscience : voir chapitre 3.

• Que signifie cette « traduction » neuro-mentale ?

Il n'est, actuellement, pas possible d'appréhender le mécanisme et, surtout, la nature de cette traduction[16] d'une activité nerveuse que nous savons comprendre, dont nous connaissons l'origine et les mécanismes, en une expérience mentale que nous savons vivre grâce à notre introspection et que nous pouvons éventuellement mémoriser et décrire verbalement, mais qui n'appartient à aucun domaine scientifiquement « saisissable » et, *a fortiori*, mesurable. Ce ne serait pas simplement à une interface d'émergence[17] que nous aurions affaire, mais bien à un transfert vers un système d'évaluation dont la nature nous est inconnue, vers un opérateur qui réaliserait cette traduction objectif → subjectif à une échelle qui pourrait bien, et c'est là notre hypothèse, représenter une composante élémentaire de l'opération O → S. Et pourquoi alors ne pas imaginer un ensemble de telles opérations associées pour réaliser une perception structurée, avec, pour étape, une aire corticale sensorielle, sollicitée par un message structuré issu de ses récepteurs périphériques (stimulation texturée tactile, image visuelle etc.) ? Dans ce cas, un réseau cortical plus ou moins complexe serait mis en jeu, intégrant, selon les lois propres à ce domaine sensoriel, la configuration de l'information affé-

---

16. Terme que nous avons retenu pour cette opération et dont le symbole correspondant adopté est (μ), inspiré par la préposition μετα, avec μεταφράσειν, « traduire ».

17. L'émergence intervient lorsque des systèmes simples interagissent en nombre suffisant pour faire apparaître un certain niveau de complexité. On ne peut pas forcément prédire le comportement de l'ensemble par la seule analyse de ses parties. À partir d'un certain seuil critique de complexité, de nouvelles propriétés peuvent apparaître dans ces systèmes, elles sont dites propriétés émergentes. L'émergence est dite faible lorsque la dynamique causale du tout est entièrement déterminée par la dynamique causale des parties ; elle est dite « forte » quand il n'existe plus de lien causal entre les constituants de la structure émergente et ses propres propriétés. On en cite volontiers deux exemples : l'apparition de la vie à partir de l'inanimé et l'émergence de la conscience.

rente, avec l'ensemble de ses spécificités qualitatives parfois très complexes comme dans la vision, par exemple. C'est cette image structurée finale qui serait décodée et « lue » par des opérateurs neuro-mentaux spécifiques.

La causalité mental-neural

Jusqu'ici, notre hypothèse n'a envisagé que la « lecture de neurones sensoriels par l'esprit », l'une des composantes de l'interaction dualiste cartésienne. La réflexion est donc ouverte à la recherche de mécanismes en quelque sorte inverses, d'action de l'esprit *vers* le corps, un schéma mental activant finalement un *pattern* de décharges neuronales. Que peut-il se passer dans les programmations motrices, qu'il s'agisse, selon des exemples pris par Descartes lui-même, d'un mouvement intentionnel, comme lever un verre d'eau quand on a soif, ou d'un mouvement suscité par la peur ? Cette fois, pour suivre notre hypothèse, des neurones moteurs seraient donc activés selon un certain schéma-programme mental, une certaine image motrice subjective [mental → influx moteurs] ou plus généralement esprit → corps, suivant un mécanisme qui nous reste, bien entendu aussi, totalement inconnu. Seule remarque à joindre au débat à ce stade : compte tenu de tout l'apport de la neurophysiologie fonctionnelle de la motricité et en parallèle avec ce qui a été évoqué ci-dessus à propos des systèmes sensoriels, il faudrait nécessairement prévoir, dans notre schéma, l'existence de structures que leurs propriétés programmatrices déjà connues dans l'exécution motrice pourraient désigner comme intermédiaires conscientiels – par exemple, l'aire motrice supplémentaire AMS, comme le supposait d'ailleurs Eccles.

Le modèle de Fechner

Place maintenant, en interlude, à un grand ancien, un penseur, déjà scientifique et encore philosophe : Gustav

Fechner (1801-1887). Celui-ci a eu le mérite non seulement de soulever ce problème fondamental du saut de l'objectif au subjectif, mais d'en avancer l'analyse. Fechner a su poser la bonne question à propos de la loi qui venait d'être établie par Weber chez le sujet humain et qui disait que la variation relative du seuil ΔI de sensibilité à la variation d'un stimulus sensoriel d'intensité I, $\Delta I/I$, était une constante, K, dans certaines limites de valeurs de I. C'est apparemment Fechner qui a eu le trait de génie de proposer que cette constante K puisse correspondre à une variation ΔS de la sensation, toujours la même quel que soit I, c'est-à-dire représenter une variation quantifiable du vécu subjectif : $\Delta S = K'\Delta I/I$[18]. Il n'est pas évident que l'histoire de la psychologie nous offre beaucoup d'autres exemples d'une telle jonction entre le monde physique et le monde métaphysique.

Que reste-t-il de notre hypothèse ?

Comment, au final, comprendre la façon dont, à une échelle en quelque sorte élémentaire, une configuration de décharges nerveuses puisse devenir une expérience subjective, élémentaire elle aussi ? Comment se représenter, à l'inverse, qu'un certain programme mental puisse être traduit en un mouvement intentionnel ? Chaque événement prétraductionnel[19], neural ou mental, ne serait ainsi pas la simple commande déclencheuse d'un événement post-traductionnel, mental ou neural ; il s'agirait d'une opération de *traduction* en continu d'une « image » donnée, d'un domaine dans l'autre. Pour notre part, nous

---

18. D'où, en passant aux limites et en intégrant, la loi logarithmique classique : $S = K'' \log I + K'''$. Celle-ci a été adaptée plus récemment sous la forme : $\Psi(I) = kI^a$ par Stevens avec Ψ désignant la fonction de I (intensité du stimulus), a désignant un exposant dépendant de la substance et n désignant un coefficient lié aux unités.

19. Terminologie que nous adoptons sans enthousiasme !

avons décidé de l'attribuer à des opérateurs [μ] de traduction. Ceux désignés [μ$_e$] concrétiseraient le passage du physique, afférence neurale n, à la perception subjective m ; ceux désignés [μ$_s$], celui de la subjectivité intentionnelle m à l'action motrice objective n. La figure 3 résume ce premier stade de mise en place de ces opérateurs traducteurs [μ[20]] dont les caractéristiques nous restent bien entendu inconnues.

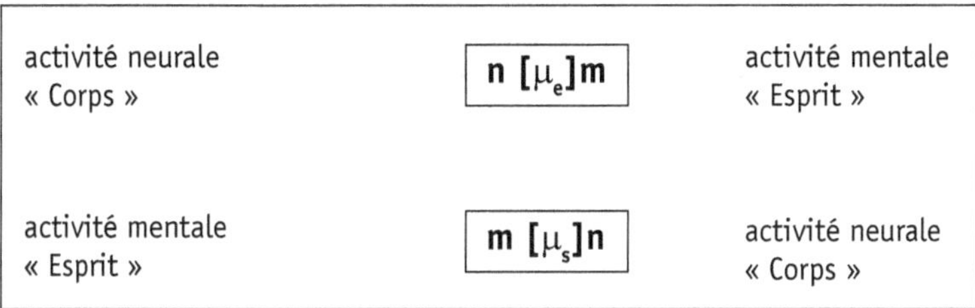

Figure 3. Traduction neurale-mentale.
Schéma explicitant le texte de mise en place des opérateurs de traduction [μ$_e$] et [μ$_s$] entre neural n et mental m.

La décomposition du spiritualisme traditionnel

Une des conséquences essentielles de la synthèse précédente est la création d'un « néodualisme » excluant la spiritualité traditionnelle comme explication des mécanismes de l'esprit. Dans la mesure, en effet, où nous acceptons la réalité de l'opération [μ], c'est-à-dire la réalité de l'expérience subjective ainsi traduite en éléments objectifs, bien qu'actuellement non explicables scientifiquement, nous introduisons, temporairement sans doute, un dualisme purement fonctionnel qui nous amène à penser que, même si nous ne savons pas situer l'hypothétique opération dans les

---

20. Une hypothèse, que nous n'avons pas adoptée par prudence, est que les opérateurs [μ] pour un sens ($n \to m$) seraient du type [– μ] pour une opération ($m \to n$), qui n'est pas l'inverse.

champs actuels de la connaissance scientifique, cela n'est pas un motif de renvoi du vécu subjectif tout entier au domaine inaccessible de la métaphysique et de la spiritualité. Car, à supposer que l'opération [μ] soit élucidée, le subjectif de tous les instants devenant une grandeur explicable (et même mesurable ?), ce subjectif cessera inévitablement d'appartenir au domaine du mystère[21] et rejoindra celui de la réalité scientifique. Schématiquement, en embrassant dès lors du regard le contenu de ce qu'il est traditionnel de désigner par le terme de « subjectivité », subjectivité à laquelle les philosophes spiritualistes reconnaissent une fonction bien délimitée, on sera conduit à reconnaître deux domaines

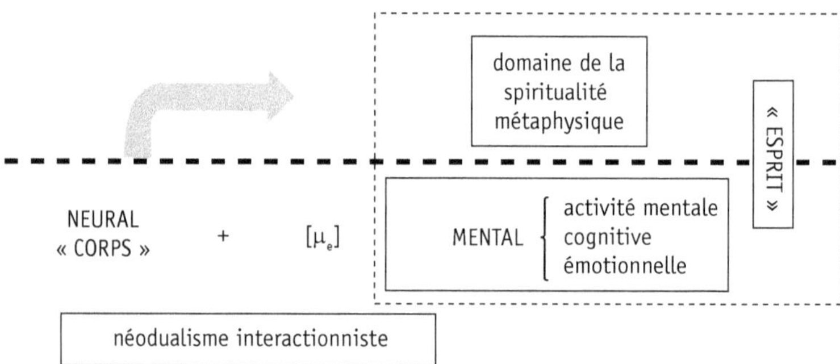

Figure 4. Redécoupage du dualisme traditionnel.
Schéma situant, au-dessous de la ligne horizontale, d'une part (à gauche) le domaine matérialiste (corps) et de l'autre (à droite) l'ensemble des fonctions mentales (cognition et émotion) rendues désormais lisibles par l'opérateur $[\mu_e]$ et constituant le domaine nouveau du néodualisme. Dans la partie supérieure droite : domaine de la spiritualité métaphysique hors science, autre partie de l'« esprit » au sens habituel et traditionnel.

---

21. « Notre espèce s'est trouvée bénéficier d'un cerveau capable de représentation symbolique, de langage, de sentiments vers l'autre, d'empathie et d'agressivité, etc. Un des effets de ce développement a été cette capacité surprenante que nous avons d'imaginer ce que les autres agents de notre environnement pensent, qu'ils soient de nature animale ou humaine », écrit ainsi Dennett (1993).

fondamentalement distincts de compétence : celui, d'une part, visant un mental désormais conçu comme une instance d'une matérialité particulière et celui, d'autre part, de la transcendance et de l'horizon métaphysique, bien au-delà du cadre de l'individu charnel.

Le domaine matériel comporterait donc deux sous-domaines : celui du monde physique, classiquement accessible, et celui que l'on peut appeler [μ]*n* et, le cas échéant, un peu en souvenir de Descartes, dénommer aussi interactionniste.

Options traditionnelles	Découpage proposé
cerveau + esprit = matérialismes	cerveau + domaines neural et mental traduits néodualisme interactionniste
cerveau *vs* esprit = dualismes	spiritualité hors traduction domaine transcendantal métaphysique

La figure 4 et le tableau ci-dessus tentent de situer cette scission. Bien entendu, un spiritualiste traditionnel très convaincu refusera notre hypothèse de « naturalisation ». D'autres l'accepteront peut-être au contraire, mais sous réserve de pouvoir jeter des ponts entre l'esprit rationnel et leurs croyances mystiques intimes. Quant au rationaliste traditionnel, son adhésion ne peut dépendre que de notre actuel pouvoir de persuasion.

Pour finir, abordons le délicat problème, absent jusqu'ici, du domaine de l'émotion. En nul endroit jusqu'à maintenant nous n'avons réellement abordé la sphère affective elle-même Or celle-ci interroge : dans quelle mesure pouvons-nous traiter sur le même plan le domaine cognitif, avec son large éventail d'activités mentales que nous venons délibérément de lier à une activité neuronale, et le domaine des affects, qui peuvent avoir une résonance tellement étendue sur le plus profond de notre personne et nous inciter alors à l'irrationnel ? Notre hypothèse devrait obligatoirement impliquer que des messages, cette fois qualitativement « affectifs », soient pris en charge par des niveaux centraux où s'opérerait une lecture émotionnelle[22] et non seulement cognitive du message « *n* ». Il est alors loin d'être exclu que, chez une personnalité quelque peu mystique, une telle extension de l'activation subjective gagne le domaine de sa spiritualité religieuse ou méditative sous l'effet de l'ébranlement émotif[23]. Ébranlement dont la source ne serait peut-être pas fondamentalement différente de celle des incitations cognitives, mais dont les effets franchiraient largement les limites, pour un acte d'abandon momentané de l'espace de rationalité. Bien des élans mystiques et méditatifs les plus divers appartiennent peut-être à cette catégorie. Sans doute nous heurtons-nous là à une difficulté fondamentale, celle où l'individu dominé par son émotif fait, au profond de son affectivité, fi des considérations sèchement intellectuelles que nous nous sommes efforcés d'évoquer ici.

Pour l'étrange : un spiritualisme athée

Cette incursion dans le domaine affectivo-émotif nous rapproche pour un court moment d'une forme assez étrange de spiritualisme. Est apparu à la fin du XXe siècle un intérêt pour ce qui a été désigné comme une spiritualité laïque, avec en particulier André Comte-Sponville parlant d'une « spiritualité sans recours à la croyance en Dieu ou en des dieux » (Comte-Sponville, 2000). Ce philosophe (avec peut-être d'autres) voit la spiritualité dans sa globalité, à travers un athéisme très particulier, comme liée à un esprit simplement immanent et dont seraient exclues la transcendance et la divinité. Il propose une métaphysique matérialiste, une éthique humaniste et une spiritualité sans Dieu, présentées

---

22. Selon les théories modernes de l'émotion, voir chapitre 4.

23. En toute rigueur, on pourrait ménager deux classes de « m », l'une cognitive, m_c, et l'autre affective, m_a, ce qui ferait écrire la conversion : n [µ] $(m_c + m_a)$.

comme une « sagesse pour notre temps ». Par certains aspects, cette doctrine n'est peut-être pas éloignée du bouddhisme[24]. Or, à examiner les arguments développés, on mesure que les attitudes spirituelles invoquées dans ces états de l'esprit concernent fondamentalement moins les prises de conscience « cognitives », c'est-à-dire intellectuelles, que les états de la sphère affectivo-émotive, celle qui jouxte ce que tant d'entre nous, croyants ou non, vivent dans la profondeur de leur subjectivité affective. Dès lors, on serait tenté d'associer cette « spiritualité athée » à un versant au moins de ce qui, dans notre système hypothétique, relève spécifiquement de la « lecture neuronale de l'affectif », mais c'est une hypothèse, bien entendu.

Un peu pour conclure

À l'appui de notre thèse, on citera volontiers Searle (1992) pour qui il faut « trouver un témoin objectif épistémique pour une réalité subjective ontologique ». Pour Searle, l'erreur serait d'ignorer la subjectivité et de la traiter comme si elle était objective en tant que troisième personne. Levine, après avoir jugé le fossé O-S, le fossé d'explication, inaccessible à l'analyse habituelle, a eu à son propos une suite de réflexions que nous avons senties très proches de notre propre option (Levine, 1998). Selon lui, bien que les propriétés mentales ne puissent être expliquées en termes

---

24. « Très attaché à la notion de "spiritualité laïque", le dalaï-lama déclare que "la religion est un choix personnel et que la moitié de l'humanité n'en pratique d'ailleurs aucune et qu'en revanche les valeurs d'amour, de tolérance, de compassion prônées par le bouddhisme concernent tous les humains, et cultiver ces valeurs n'a rien à voir avec le fait d'être croyant ou non" » (extrait d'une interview du 14e dalaï-lama par Matthieu Ricard, moine bouddhiste français).

de propriétés physiques, elles seraient malgré tout *métaphy-siquement* réductibles à des propriétés physiques. L'argument du vide ne démontrerait pas pour Levine un vide réel dans la nature, mais un vide dans notre compréhension de la nature. Tant que nous avons des raisons de douter de ce vide réel, nous devons chercher ailleurs une explication[25]. Autres manières, à mon avis, de poser le problème autour duquel tout le monde tourne, ou presque...

On conclura en remarquant qu'aucun argument ne s'est, à notre connaissance, présenté jusqu'ici qui puisse réellement s'opposer à l'hypothèse formulée ci-dessus, celle d'un (néo)dualisme fonctionnel interactionniste avec traducteurs, même si la classe d'opérateurs proposée n'est pas actuellement davantage que concevable par la pensée[26].

---

25. Une explication plausible de l'existence d'une fosse dans notre compréhension de la nature est bien entendu que ce fossé de la nature est réel. Mais, tant que nous avons des raisons contraignantes d'en douter, à nous de chercher ailleurs une explication de ce fossé (Levine, 1998).

26. La discussion pourrait se poursuivre. Le dualisme de propriété qui postule, du moins dans sa formulation originale, que la conscience est irréductible à la neurobiologie et à la physique ne s'applique certes pas, mais, sous sa forme de physicalisme non réducteur, ce même dualisme de propriété conduit en revanche à déclarer que, quand la matière est organisée d'une certaine manière adéquate (telle qu'elle existe dans les organismes vivants), il peut en émerger des propriétés mentales. Ce qui en fait pratiquement une sous-branche d'un matérialisme émergentiel et ne nous éloigne pas tellement de ce qui a été désigné sous les termes de *predicate dualism*, autre forme de physicalisme non réducteur cher à Jerry Fodor (1983) pour qui, tandis qu'il n'y a qu'une seule catégorie onto-logique de substance et de propriétés (physiques) des substances, les attri-buts que nous appliquons d'habitude à la description du mental ne sont pas réductibles à ceux de la phénoménologie du domaine physique. L'opi-nion de Davidson (2005) va dans un sens quelque peu différent. Celui-ci imagine, en effet, une sorte d'identité entre les événements mentaux sym-boliques et des événements physiques symboliques (*token*). Identifier men-tal et cérébral a paru jusque-là impensable, mais, dit Davidson, le fait que la réduction soit impensable n'empêche pas que le mental ait quelque chose de plus que le cerveau. Davidson appelle cela le monisme ano-mique : monisme, parce qu'il n'y a qu'une nature qui est en question pour

Cette phase de transition [O → S], ce *gap*, paraît systématiquement omis (ou oublié ou volontairement négligé) par des penseurs par ailleurs de grande qualité, mais qui estiment que « les neurosciences actuelles, grâce à leur large avancée, peuvent sans intermédiaire directement expliquer l'esprit[27] ».

le mental comme pour le physique ; anomique, parce que les types d'événements mentaux pourraient bien ne pas être liés par des lois physiques strictes.

27. En 1983 déjà, Jean-Pierre Changeux n'écrivait-il pas dans *L'Homme neuronal* : « L'identité entre états mentaux et états physiologiques ou physicochimiques du cerveau s'impose en toute légitimité » ?

CHAPITRE 2

IL EST TEMPS DE PARLER
DE LA CONSCIENCE

Aux yeux du non-spécialiste ou même de l'amateur éclairé, esprit et conscience peuvent paraître quasi synonymes. Pour peu cependant que l'on écoute des théoriciens, la réalité devient plus subtile et la confusion est moins possible. Car l'existence d'une instance abritant diverses facettes du vécu mental de tous les instants, autrement dit la conscience, n'a pratiquement pas été évoquée aux âges anciens de la philosophie, alors que l'opposition esprit-matière était déjà largement débattue. Pour se limiter à la pensée occidentale, c'est à partir du XVIIe siècle que la notion s'impose progressivement et que le terme devient, au sens moderne, un fondement de la réflexion sur l'esprit et, point important, qu'il est dépouillé de la connotation morale[1] qu'il pouvait avoir antérieurement. Cela dit, comment délimiter réellement la différence entre esprit et conscience ?

---

1. La terminologie reste ambiguë en français, où l'on doit toujours préciser clairement en principe « conscience psychologique » et « conscience morale ». L'allemand distingue *Bewusstsein* et *Gewissen*, ce dernier désignant la conscience morale. L'anglais, lui aussi, fait la différence entre *consciousness* et *conscience*. La dualité du sens en français n'est pas sans soulever d'intéressantes questions.

Définir la conscience ?

Alors qu'actuellement un certain nombre de neuroscientistes[2] admettent l'existence de la conscience, celle-ci reste pour eux quelque chose de mystérieux et la plupart ne cherchent pas à l'étudier, cela pour l'une ou l'autre des deux raisons suivantes : ou bien il s'agit d'un problème philosophique, à réserver aux philosophes, ou bien c'est un problème scientifique qu'il est actuellement prématuré d'aborder. À l'exemple de quelques autres, nous avons une position différente. Certes, il est des aspects philosophiques qui doivent être mis en attente pour l'heure, mais il est des manifestations qui sont scientifiquement accessibles et méritent l'analyse.

Par conscience, on désigne globalement la fonction de connaissance introspective de notre activité mentale, avec deux versants : d'une part, la perception qu'elle a du monde extérieur et, d'autre part, la connaissance qu'elle a d'elle-même et de ce qui se passe dans l'esprit d'un individu. En fait, décider si cette « prise de conscience » désigne un acte distinct ou une fonction qui participe de l'esprit total reste un problème, dans la mesure où l'on s'est tant de fois interrogé sur le contenu de la conscience par rapport à l'esprit. On lit ainsi que « la conscience se réfère à la connaissance de soi, alors que l'esprit est le soi lui-même » ou que la « conscience est perception de soi, tandis que l'esprit est ce qui pense en soi » ou encore qu'« en pure logique, le concept d'esprit a plus d'extension que celui de conscience qui, lui, a plus de compréhension[3] ». N'est-il pas tentant de saisir, au final, dans chacune de ces propositions comment la

---

2. Ce néologisme barbare évite bien des périphrases !

3. Rappelons que la compréhension d'un concept se réfère à l'ensemble des caractères qui appartiennent à ce concept (caractères de l'objet), tandis que la compréhension s'oppose à l'extension qui désigne l'ensemble des objets auxquels s'appliquent ces caractères (objets de la classe).

conscience est l'élément de l'esprit accessible à l'introspection ? C'est exact, à ceci près, et nous le verrons, que l'on a tendance actuellement à reconnaître à l'animal l'existence d'une conscience non accessible à l'analyse. Par ailleurs, à parcourir un certain historique, on constate l'excessive difficulté que peut impliquer la différence entre les niveaux de conscience, en particulier son niveau le plus élevé, celui de la conscience réflexive (voir chapitre 3).

Ainsi que l'ont rappelé divers chercheurs[4], les thèmes de la conscience sont restés pendant bien longtemps aux marges de la réflexion analytique pour devenir, dans les temps récents, de réels thèmes de débats, renforcés sans doute par les sciences dites cognitives, carrefour de réflexions nouvellement créé autour de diverses disciplines, de la neuroscience à la psychologie et à la philosophie de l'esprit. Nul étonnement donc si ces discussions ont très vite suscité nombre de prises de positions contradictoires. Malgré son importance immense et la profondeur des débats qu'il a depuis longtemps provoqués, le concept d'esprit est resté général, abstrait et essentiellement métaphysique, tandis que l'on voit avec la conscience se poursuivre pratiquement ces mêmes débats, mais devenus souvent beaucoup plus concrets, d'autant que l'exploration instrumentale et modélisatrice du système nerveux évolue, se perfectionne et que se dessine davantage à l'horizon une naturalisation[5] de l'esprit.

---

4. On peut citer B. Pachoud, M. Petitot, M. Bitbol et bien d'autres encore.

5. Nous n'avons guère utilisé ce terme jusqu'ici. Pour faire bref, ce serait dans notre domaine « expliquer la conscience en la considérant comme un phénomène naturel ». Tel est évidemment le but de tous ceux, dont nous sommes, qui souhaitent expliquer d'aussi près que possible la structure de l'esprit. Ainsi que nous allons le voir, l'exploration de la conscience a, au cours des siècles et sur ce chemin de la naturalisation, connu des étapes fondamentales, allant de la métaphysique à un idéalisme, associant maintes fois sciences « naturelles » et sciences « humaines » pour aboutir actuellement à une perspective d'analyse quasi matérialiste.

Quelques repères d'histoire

Sans doute est-ce à travers certains penseurs idéalistes du XVIIᵉ siècle que se précise la notion de conscience. Grâce à René Descartes qui expose en clair comment il perçoit son être, sa personne, elle prend un premier essor avec le *cogito*. Où il exprime en clair comment il perçoit son être, sa personne. Il sait très bien exprimer comment « je pense, donc je suis » est une vérité première. Toutefois le *cogito* a suscité très vite la critique d'autres philosophes. Il serait convenable, ont-ils pensé, de ne pas négliger les autres vérités de même ordre. « Je n'ai pas seulement conscience de mon moi pensant, *mais aussi* de mes pensées », aurait dû écrire Descartes[6], cela en rapportant toutes les vérités de fait premières non seulement à « je pense », mais également à « des choses diverses qui sont pensées par moi ». Autre critique opposée à Descartes : il donnerait une des premières définitions psychologiques de la pensée, mais il n'analyserait pas le concept de conscience, il l'emploierait : « Dans quelle mesure suis-je conscient de mes pensées ? Il semblerait que je sois plutôt conscient de ce que mes pensées représentent » – selon un exemple souvent cité, tout se passe comme si « *je suis conscient* de la balle rouge » signifiait, pour Descartes : « je suis conscient de la pensée de la balle rouge ». Ces deux problèmes assez fondamentaux ont très vite marqué les discussions autour du cartésianisme.

John Locke, autre précurseur après Descartes, est au contraire un des premiers empiristes modernes pour qui toutes nos idées viennent de nos sens : la conscience n'est dès lors autre qu'un « sens interne », une représentation de

---

6. Dans ce rappel historique, les références bibliographiques originales ne sont pas systématiquement données. Nous nous sommes limités à des citations ponctuelles ou à des revues récentes dont certaines informations ont été particulièrement utiles.

second ordre de nos états psychologiques. Vite après lui vient Gottfried Leibniz (Jorgensen, 2010). Pour celui-ci, le *cogito* est incomplet et il en transforme la portée en en faisant non plus la vérité rationnelle première, mais une vérité de fait première, à laquelle il adjoint aussitôt une autre : « il y a une grande variété dans mes pensées ». La formule exacte et complète du *cogito* doit donc être : « je pense » et « des choses diverses sont pensées par moi ». Il s'ensuit de cette variété qu'il y a, hors de moi qui pense, autre chose que moi. Problème connexe : la conscience est-elle pure intériorité ? Ou n'est-elle pas, par définition, rapport au monde extérieur et constituée par lui – ce qui s'oppose au cartésianisme ? Tel est le double problème auquel, à l'intérieur des postulations fondamentales du système cartésien, Leibniz s'efforce de donner une solution. On ne manque pas d'ailleurs d'être surpris par la modernité des intuitions dont nous fait part Leibniz, avec ses vues sur les stades multiples de la conscience. Lorsqu'il évoque les différents niveaux qu'elle peut présenter, son existence probable chez l'animal et, plus étonnant encore, un inconscient qu'il devine, qu'il appelle « petites perceptions » – et que l'on qualifierait aujourd'hui d'« implicites », d'inconscientes de ou subliminales –, on ressent une certaine admiration[7].

Suit David Hume, au début du XVIIIe siècle. La position d'empirisme sceptique de Hume est singulière[8]. Pour lui, même si l'on procède par introspection, il est impossible de réaliser la saisie immédiate du moi de la conscience.

---

7. Leibniz exprime, on le sait, cette vision de l'esprit en faisant appel à une structure « monadique ». Les monades sont les éléments simples, indivisibles, immodifiables de la nature, des unités en soi, analysables en un principe actif appelé forme substantielle. Existent, au plus bas degré, celles des perceptions inconscientes ; puis il y a les monades sensitives, douées de perceptions conscientes et de mémoire (celles des animaux) ; enfin viennent les monades humaines de la conscience réfléchie (« aperception »).

8. Clairement dérivée, toutefois, de son empirisme sceptique.

L'idée du moi est à ses yeux une fiction. Citons-le : « Il est des philosophes qui imaginent que nous sommes à chaque instant intimement conscients de ce que nous appelons notre MOI... Pour moi, quand je pénètre le plus intimement dans ce que j'appelle moi-même, je tombe toujours sur une perception particulière... Je ne parviens jamais, à aucun moment, à me saisir moi-même sans une perception et je ne peux jamais rien observer d'autre que la perception. » Cette négation du *cogito* en tant que mécanisme mental ne peut laisser indifférent. En fait, la position humienne sera discutée par Kant. Son argumentation est évidemment fondée sur ses propres vues : tout en admettant que la position de Descartes est défendable dans son principe, il reconnaît avec Hume que « le Moi ne peut être vécu expérimentalement, ou même défini en termes de quelque qualité expérimentale que ce soit. Bien qu'indispensable il n'est connaissable que comme une abstraction "incolore", sans qualité, un X complètement insaisissable en tant que tel ». La discussion peut sembler très subtile et d'un autre âge (Shear, 1990). En fait, il n'en est rien, et il en sera de nouveau question à propos de la méditation (voir chapitre 5).

Et voici donc Emmanuel Kant (Brook, 2010). Il n'est pas aisé de résumer en quelques lignes la vision kantienne de la structure de la conscience. Les formes *a priori* de la sensibilité ou de l'intuition pure sont l'espace et le temps. L'espace est la forme du sens externe, et le temps une forme du sens interne : nous percevons nécessairement les choses dans l'espace, et nos états d'âme dans le temps. On appelle raison l'entendement en tant qu'il prétend saisir l'absolu et idées les concepts auxquels on aboutit dans cette recherche et qui orientent la démarche de la pensée vers l'absolu. Toute connaissance des choses, tirée uniquement de l'entendement pur ou de la raison pure, n'est qu'illusion ; il n'y a de vérité que dans l'expérience. Toutefois, les intuitions sensibles par elles-mêmes sont informes et il faut qu'elles soient ordonnées par l'entendement. On appelle synthèse l'acte par lequel l'entendement opère cette liaison. Les phénomènes sont les choses telles que nous les connaissons, alors que les noumènes sont au contraire les choses en soi, telles qu'elles sont indépendamment de la connaissance que nous en avons. Le monde qui nous apparaît est le monde phénoménal ; nous ne voyons le monde véritable, nouménal, qu'à travers un filtre qui nous apporte le monde phénoménal. Enfin, l'unité du je pense n'est possible que par la synthèse des éléments divers donnés dans l'intuition par le passage par les catégories. Est alors atteinte l'unification de la conscience. Cette instance, que Kant nomme aperception pure ou unité transcendantale de la conscience de soi, est pour lui ce qui rend l'expérience possible (Serck, Hansse, 2000) ; c'est là où le self et le monde phénoménal se rencontrent. Quant au sens interne, il n'est en revanche pas une pure aperception, c'est une aperception empirique, la conscience de ce que nous vivons pendant que nous sommes affectés par le jeu de nos propres pensées (rejoignant en somme la conception de Hume du soi comme faisceau de perceptions). Question finale enfin : pouvons-nous rattacher le monde nouménal à un éventuel inconscient cognitif ? Il ne semble finalement pas que cela soit évident.

Avant de passer au XIXe siècle avec quelques étapes remarquables à retenir, revenons quelques années en arrière pour mentionner une évolution complexe et très particulière de la pensée philosophique française autour de la période des Lumières, et qui a inévitablement retenti sur la vision de la structure de l'esprit. Les débats ont été intenses, mais la conscience n'en est pas sortie grandie. De ses principaux acteurs, par exemple de Cabanis ou de Comte, rien ne mérite à notre sens d'être retenu. Seul peut-être chez Maine de Biran (1766-1824) peut-on saisir une évolution qui résume un peu à elle seule ce qu'ont été les débats. Au début, influencé par les Lumières, Biran voit les phénomènes de conscience naître de la sensation – c'est la position empirique extrême. Très vite, cependant, il s'élève contre ce « sensualisme » et prône l'importance d'une démarche mentale opposée, l'aperception immédiate du moi par lui-même, posant dès lors la question des rapports entre la psychologie[9] et la physiologie. Un autre épisode fait suite aux Lumières avec Cousin et Jouffroy et l'« éclectisme » qui veut, cette fois, donner à la conscience une importance majeure, mais totalement séparée de toute interprétation physiologique, ce qui ne justifie pas davantage sa prise en compte ici. Beaucoup plus valable est à mon sens Wilhelm Wundt, un scientifique qui, au seuil du XXe siècle, a enseigné la « psychologie physiologique » et qui a voulu donner à la conscience un statut scientifique (Kim, 2008), avec deux étapes majeures (Wundt, 2006) : les représentations et l'attention. Une représentation, acte conscientiel, peut être soit la perception d'un objet réel, soit l'intuition d'une activité subjective ou d'une pensée. Fondamentale ensuite, l'attention décide de la présence de la représentation soit dans un certain champ de vision interne de la conscience (perception), soit même dans son point focal interne (aperception). De son côté, l'acte d'aperception est un acte de volonté interne. Et tout cela se passe sans structure particulière, sous forme de processus en permanente interaction.

Revenons au XIXe siècle maintenant. Pour Husserl, la conscience est – pour suivre son maître Brentano – une instance à visée intentionnelle (« conscience de… »). Ce qui précisément apparaît à la conscience constitue la phénoménologie husserlienne. La véritable connaissance est celle des essences, c'est-à-dire de ce qui demeure invariant dans les modifications de perspectives que l'esprit a sur les choses. Ce sont ces essences que la conscience doit percevoir par l'intuition pour décrire la structure des phénomènes. En comparaison, la position de William James (1904) surprend : « pragmatiquement », il propose la suppression de la conscience en tant qu'instance, mais non sa fonction,

---

9. Psychologie qui a, pendant un certain temps durant les Lumières, été désignée comme une « idéologie ».

c'est-à-dire la connaissance. Son motif ? Le plus souvent, la conscience a été vue comme un « contenant » – le connaissant – avec un « contenu » interne – l'objet. James refuse de systématiser cette dualité. Si, dans un certain état de l'esprit, une portion de l'expérience joue le rôle du connaissant et une autre celui de l'objet, dans un autre contexte, ce peut être l'inverse. Les pensées sont faites de la même matière que les choses.

À présent, nous voici au XXe siècle avec, bien loin de James, Bertrand Russell (2011) qui réfute l'idée que l'essence de tout ce qui est mental est la conscience conçue soit en relation avec les objets, soit comme une dominante de phénomènes mentaux. Pour lui, l'esprit est plus complexe que ne le laisse prévoir la traditionnelle opposition matière-esprit. Pour caractériser l'esprit, un moyen est la conscience. En un sens, nous avons raison de faire une certaine différence entre nous et un objet, mais quelle relation entre conscience et objet ? Nous sommes toujours conscients de quelque chose, mais faut-il accepter la conscience avec sa complexité ? À nous, donc, d'examiner les différentes manières d'être conscient. La conscience est une chose et ce dont on est conscient est une autre chose. Pour Russell, quelle que soit la définition correcte de la conscience, elle ne peut être l'essence ni de la vie ni de l'esprit. Telles sont quelques idées seulement de sa pensée complexe.

Bien évidemment, dans ce rappel historique qui court sur plusieurs siècles, nous n'avons pas systématiquement pris en compte, dans notre examen, les attitudes philosophiques purement matérialistes qui ne laissent aucune place à la conscience et n'entrent donc pas dans notre champ de réflexion. Il est cependant des mouvements philosophiques que l'on ne peut passer sous silence. L'un d'eux est le fonctionnalisme. Malgré quelques origines lointaines, c'est au XIXe siècle qu'il devient une des philosophies des états mentaux. L'idée est qu'un état mental peut être déterminé par ses relations causales avec des incitations sensorielles, d'autres états mentaux et le comportement. Cet état mental donné ne se caractériserait pas par sa constitution interne, mais par la manière qu'il aurait de fonctionner, le rôle qu'il jouerait dans le système auquel il appartiendrait. Avec une définition aussi large, qui n'impose pas de restriction sur la nature des systèmes impliqués, des états non physiques peuvent en toute rigueur être pris en compte, y compris des états mentaux. Ce qui permet de leur conférer une causalité, tout en ne sachant que très peu ou rien du tout sur leur structure. Il n'est, en somme, pas impensable d'y inclure des mécanismes qui seraient de l'ordre de la conscience, et cela d'autant plus que cette dernière, on l'a fait remarquer, est de plus en plus jugée comme un mécanisme mental possiblement dispersé, et non point comme une structure fonctionnelle délimitée. Certes, au-delà de cette neutralité officielle, le fonctionnalisme a, bien sûr, été inévitablement attiré par les matérialistes persuadés de la prévalence des actions physiques. Cependant, il est des théoriciens modernes des écoles fonctionnalistes qui retiennent notre attention, tels les psychofonctionnalistes, essentiellement dans la ligne des théories de psychologie cognitive et qui, avec Fodor par exemple (1983), se fondent sur les traces mnémoniques et les autres états mentaux (pensée, sensations, désirs). Ainsi, Fodor étudie le mental sans préjuger des mécanismes en jeu. Être cette sorte de « mentaliste » implique de s'occuper du mental et d'admettre l'existence d'états internes causalement efficaces sans pour autant affirmer qu'ils sont d'une substance particulière. Fodor trace ainsi une voie moyenne entre le dualisme et des attitudes purement matérialistes, béhavioristes et physicalistes. En toute rigueur, attribuer de tels états à des organismes pour expliquer leur comportement dans l'environnement n'implique pas l'attribution d'une substance mentale non physique[10].

____

10. Pour d'intéressantes discussions qui dépasseraient le cadre de cet ouvrage, voir Smart, 1959 ; Armstrong, 1968 ; Shoemaker, 1984 ; Lewis, 1972.

Au terme de cet examen rapide, quelle conclusion d'étape tirer de ce coup d'œil sur l'histoire ? Celle d'une évidente complexité. Même chez des philosophes tenants d'une ligne dualiste traditionnelle et d'une forme de spiritualisme, cerner la conscience et en accepter la réalité en tant qu'entité active de notre mental a fait débat. Sans nier pour autant l'esprit, certains, et non des moindres, ont discuté de sa nature, de son rôle et même de sa réalité. On rappellera aussi cette tendance à la voir comme un système dynamique et non point comme une structure figée du mental. Et puis n'oublions pas, enfin, comment certains tenants du matérialisme ont malgré tout envisagé son existence. Dès lors, que peut être la suite ? Actuellement, ce qui prédomine concerne la structure de la conscience et la multiplicité possible de ses niveaux chez l'homme et chez l'animal. On est tenté de saisir, entre la philosophie traditionnelle et les analyses contemporaines, toute une évolution sans doute liée au progrès de l'approche scientifique. Avec un certain nombre de théoriciens ou chercheurs actuels, on se situe en effet assez loin des écoles philosophiques traditionnelles. Les analyses, devenues quelque peu oublieuses de certaines subtilités, visent la problématique plus fondamentale, avec un retour à des questions en quelque sorte existentielles, déjà largement soulevées à propos de l'esprit, celles du lien entre neuronal et mental, entre subjectif S et objectif O, à la recherche de ce qui pourrait combler le fossé d'explication, le *gap*, que Levine (1998) jugeait encore récemment incontournable, mais que d'autres, plus tard, ont largement examiné, analysé, pris en compte et même cherché à combler, souvent avec beaucoup de compétence et d'imagination. La référence aux signaux que nous apportent maintenant les diverses analyses instrumentales des processus mentaux est de plus en plus suivie et de plus en plus profonde. Et c'est ainsi, comme nous allons le constater, que l'analyse de l'esprit est devenue de plus en plus proche des sciences « dures ».

Questions et débats actuels
sur la structure de la conscience

Aborder l'analyse de la conscience en quête de mécanismes psychologiques et surtout physiologiques du mental n'est pas une tâche simple ; cela oblige, en effet, à explorer un domaine qui a bénéficié de tant de moyens nouveaux et à suivre au plus près ce que cette complexité a inspiré à des chercheurs et à des théoriciens animés d'une audacieuse curiosité. La démarche en perspective doit inévitablement se situer à cette limite si risquée où le pas vers la réduction est semé d'embûches, où le saut du global complexe vers ses supposées composantes est une opération périlleuse. Ce type d'investigation, qui se veut scientifique, n'en reste pas moins proche d'une certaine analyse philosophique, ce qui explique sans doute l'abondance des modèles et des théorisations où faits et hypothèses sont si étroitement associés par l'imagination de leurs auteurs.

SURVOL TECHNOLOGIQUE ET VALEUR ÉPISTÉMIQUE DES MARQUAGES

Quels sont précisément ces moyens « modernes » dont il vient d'être question et surtout quelle valeur leur reconnaître ? On ne compte plus actuellement le nombre d'opérations mentales qui ont été associées à des signaux d'un marqueur physique électrique (EEG, ECoG, EMG), magnétique (MEG), imagier (PET, IRMf), neurochimique ou structural (voir annexe). Surgit immédiatement la discussion sur la valeur du signal ainsi recueilli : n'est-il qu'un indice accompagnateur, c'est-à-dire corrélatif, ou bien est-il révélateur d'une intervention causale dans le mécanisme mental ? Problème difficile, théories multiples et interminables controverses…

Les premières analyses électrophysiologiques fines du système nerveux ont porté soit sur les nerfs périphériques, soit sur les structures spino-bulbaires, avec des sites générateurs de signaux électriques bien précis, axones et systèmes synaptiques. Ils n'ont en général pas posé de problème majeur quant à la signification des signaux recueillis. Si, bien entendu, des discussions sont nées sur le détail de tel ou tel substrat de telle ou telle activité, cette signification n'a en général pas été au centre des interprétations. En sorte que des relations cause-effet ont pu être établies entre signal électrique et activité neuronale. Tout s'est compliqué, en revanche, lorsque l'exploration électrophysiologique a touché les étages plus élevés du névraxe et *a fortiori* le cortex cérébral.

Malgré des explorations neuronales fines par microélectrode, énormément pratiquées depuis les années 1950, un problème reste posé, celui du substrat précis d'une grande partie des signaux recueillis (voir annexe). Certes, ledit substrat est essentiellement, sinon exclusivement, neuronal, mais là s'arrête l'interprétation. L'essentiel des signaux recueillis (variations de potentiels lentes ou rapides, rythmes) est global, hautement multicellulaire, révélant en principe l'activité de réseaux neuronaux. En revanche, une analyse plus fine, faisant le lien précis entre les signaux recueillis et les caractéristiques de l'activité neuronale sous-jacente, fait pratiquement défaut. Elle se heurte à la complexité structurale et fonctionnelle de son objet, ce qui rend purement hypothétique toute explication causale. Cela vaut en particulier pour les deux classes de signaux nerveux électriques globaux recueillis dans les structures cérébrales élevées, chez l'homme bien entendu, qui sont en général observables seulement à partir du scalp[11]. Ces deux classes sont, d'une part, les potentiels évoqués – ainsi nommés parce

---

11. À l'exception des explorations neurochirurgicales préopératoires avec électrodes intracérébrales.

qu'ils sont produits par une incitation extérieure ou intra-cérébrale[12], ce sont des indices souvent très utiles de l'activation d'une aire cérébrale sous-jacente à l'électrode – et, d'autre part, les activités rythmiques, plus ou moins prolongées, également recueillies sur le scalp – elles sont en général liées non à une incitation bien datée, mais plus largement à une situation mentale ou comportementale donnée. Par ailleurs, on s'appuie, et de plus en plus actuellement, sur le suivi des réponses hémodynamiques cérébrales que peut détecter l'imagerie TEP ou IRMf (voir annexe) et qui traduisent les mises en jeu des territoires sous-jacents, également liées à une activité cérébrale, mentale ou autre.

Que des neurones soient toujours en jeu, cela va de soi ; nul ne pourrait nier que les composantes multiples et complexes d'un potentiel évoqué proviennent de divers circuits neuronaux et que les rythmes soient liés aux oscillations des potentiels membranaires des neurones activés, mais là s'arrête pratiquement l'identification, malgré les innombrables recherches, hypothèses ingénieuses et théories subtiles. Certes, les corrélations ne manquent pas entre les configurations des potentiels évoqués ou celles des rythmes et les opérations mentales, qu'il s'agisse du niveau de vigilance, de processus cognitifs (perceptifs attentionnels, intentionnels ou de mémorisation) ou de processus pathologiques (épileptiques, tumoraux ou autres), avec d'innombrables interprétations souvent très ingénieuses et très fines. Il en est de même des données imagières qui désignent effectivement très bien certains territoires intervenant dans telle opération cérébrale, ce qui est d'une évidente valeur localisatrice et, donc, fonctionnelle. Néanmoins règne toujours la corrélation, alors que le « saut » tant souhaité vers la relation causale, vers le *mécanisme,* demeure souvent du domaine de l'hypothèse.

---

12. Encore que cette appellation soit *a minima* un barbarisme pour un physicien !

LA CONSCIENCE
DEVANT LA « RÉVOLUTION COGNITIVE »

Aucune analyse de l'évolution des idées sur la conscience ne peut faire l'économie d'une mention au moins brève de la mise en place, en quelque sorte institutionnelle, des sciences cognitives. L'importance donnée aux mécanismes cognitifs a commencé avant même la fin du béhaviorisme. Très vite, dès les années 1950, on a vu naître les « sciences cognitives » aux contours et aux ambitions larges, une superdiscipline englobant un ensemble d'analyses se rapportant aux mécanismes de la pensée humaine et animale. Et qui irait surtout plus loin, en se préoccupant de tout système complexe de traitement de l'information capable d'acquérir, de conserver et de transmettre des connaissances, de connaître les mécanismes de la connaissance. Et qui utiliserait conjointement, outre la psychologie, des données issues d'une multitude d'autres branches de la science et de l'ingénierie.

Vues de la sorte, les sciences cognitives visent en somme deux objectifs complémentaires : d'une part, en tant que science de l'esprit, elles entendent intégrer des phénomènes aussi divers que la perception, l'intelligence, le langage, le calcul, le raisonnement, les représentations mentales ou la conscience ; d'autre part, en tant que discipline, elles conçoivent ces fonctions comme étant susceptibles d'être modélisées par les technologies issues de la théorie de l'information, de l'intelligence artificielle, de l'algorithmique et surtout comme étant capables d'aller au-delà de la simple analogie entre le mental et l'ordinateur. Cela a conféré à cette discipline par essence centrée sur l'esprit un double visage : celui d'une science de l'esprit avec sa philosophie et celui de sa modélisation, aussi poussée que possible. Il était prévisible que ces deux versants deviennent assez rapidement différents et même divergent dans leurs stratégies de pensée et leurs objectifs ; qu'il y ait, d'un côté, une science cognitive fondamentale et, de l'autre, un domaine applicatif de l'ingénierie de la connaissance, le cognitivisme ou la cognitique ; que leurs acteurs soient nécessairement distincts, avec des scientifiques des neurosciences et des théoriciens et philosophes de l'esprit, d'un côté, et, de l'autre, des théoriciens et praticiens de l'informatique, de la modélisation et de la robotique.

Inévitablement, compte tenu de mes positions entièrement centrées sur la psychologie cognitive et nullement sur la modélisation, l'option suivie ici sera claire. Il est évident que la psychologie cognitive telle que je l'ai délimitée n'est pas en principe éliminativiste et qu'elle accepte les diverses instances fonctionnelles de l'esprit sans préjuger de leur nature. En revanche, les deux familles de modélisation, computationnelle (syntaxique autour de l'ordinateur) ou connexionniste (sémantique autour des réseaux), constituent, comme le dit Pierre Jacob (1997), un cadre pour une conception moniste matérialiste de la pensée. Le moment est venu d'une analyse des données contemporaines, en particulier neurobiologiques, sur les activités liées à la conscience.

Quelques problématiques autour de la conscience

CONSCIENCE ET VIGILANCE

Nous avons jusqu'ici implicitement distingué ces deux instances que sont la conscience et la vigilance. Toutefois, la séparation n'est pas évidente aux yeux de tous. D'un côté, il peut s'agir d'un piège, dès lors qu'il est question de pathologie, car certains troubles qualifiés d'« états modifiés de conscience » ont comme signe clinique le plus évident une chute de la vigilance, laquelle est accompagnée normalement d'une baisse du niveau de l'activité consciente dans ses multiples configurations. Autrement dit, certains états modifiés de conscience sont liés à une baisse de vigilance, alors que d'autres ne le sont pas de façon caractéristique. Dans une situation normale, un degré élevé de vigilance est une condition nécessaire pour un certain niveau de travail mental, sans pour autant lui dicter ni son contenu ni son orientation instantanés.

En somme, le niveau de vigilance se présente comme une condition nécessaire à une activité soutenue de conscience ; à ce titre, les deux instances ne sont donc pas à confondre, d'autant que l'anatomie fonctionnelle les situe différemment. Alors que la conscience ne peut raisonnablement pas, dans sa globalité et ses caractères multiples, être actuellement localisée, il est habituel et probablement exact de désigner dans le névraxe une série de structures et surtout de circuits gérant le degré de vigilance et, à l'opposé, les états de sommeil avec leurs divers niveaux, lent ou paradoxal. On connaît à cet égard les rôles des structures tegmentales mésencéphalo-pontiques (formation réticulée) dans le maintien de l'état de veille et ceux de toute une série de structures hypothalamiques dans la régulation des états hypniques[13]. Ces influences dites neuromodulatrices sont, on le sait bien, étroitement dépendantes de médiateurs tels l'acétylcholine, la noradrénaline, la dopamine, la sérotonine ou le GABA.

Mais rien n'est simple. S'il est probablement exact que le niveau de conscience est abaissé pendant le sommeil, qu'il s'agisse du sommeil à ondes lentes (« sommeil lent ») ou du sommeil paradoxal à activité corticale rapide, le rêve pose inévitablement un problème et mérite quelque attention. On est évidemment tenté de le situer, conformément aux données les plus classiques, au cours du sommeil paradoxal à rythme cortical du type de la veille. Reconnaître son contenu conscient serait *a minima* supposer que se produit une construction intracorticale d'une image consciente fugace. À cet égard, étendre, selon la tendance actuelle, le rêve à certaines phases

---

13. Détailler les commandes des états de vigilance n'est pas notre propos ici.

de sommeil lent ne résout pas le problème des neurones engendrant du « conscient » en un milieu maintenu au niveau inconscient. Ce qui, en revanche, pourrait modifier singulièrement ledit problème serait de limiter tout rêve à l'instant même d'un réveil, quel qu'il soit, étant entendu que la durée psychologique du rêve serait une création consciente instantanée[14]. Ne serait-on pas alors en présence de formations imagières, qualitativement très particulières et très brèves, de la conscience en réveil ? La question peut être posée. De toute manière, l'interaction entre conscience et vigilance est une occasion de susciter une interrogation fondamentale : par quel mécanisme, par exemple neurochimique, des neurones du cortex cérébral dont on sait qu'ils conservent une certaine activité pendant le sommeil cessent-ils d'animer la conscience ? Où est le barrage et quel mécanisme le détermine ?

PERCEPTION : À QUELLES CONDITIONS EST-ELLE CONSCIENTE ?

La perception, une des étapes fondamentales de l'expérience psychique, à la frontière du physique et du mental, là où se situe précisément le transfert du stimulus, agent physique, à la création d'une expérience consciente, est l'exemple type d'une conversion O → S. Surgissent alors des interrogations quelque peu théoriques : quel est le contenu représentationnel des états perceptifs ? Quelle différence faire entre une perception réelle et une hallucination ? Et, pour revenir à une question posée au début, quelle signification attribuer aux « fausses perceptions » suscitées par une stimulation électrique locale d'un centre du système perceptif ? En philosophie de l'esprit, deux interprétations

---

14. On retiendra à ce sujet les observations de Maquet et Tassin (2005) qui tendent à considérer les rêves comme des événements de durée infiniment brève au cours desquels des images cérébrales deviendraient instantanément conscientes.

se sont traditionnellement opposées. Pour le réalisme direct, dit aussi naïf, percevoir, c'est avoir un contact direct avec les objets, indépendamment de la manière dont nous les percevons. Selon le réalisme indirect[15] ou représentatif, nous ne pouvons, au contraire, être conscients que de représentations mentales d'objets[16]. Nécessairement alors des intermédiaires centraux existent, avec des réarrangements – liés, par exemple dans la vision, à des informations issues d'aires visuelles spécialisées pour la couleur ou la forme. Ce réalisme indirect permet de donner une valeur représentationnelle à l'hallucination, cette fois d'origine centrale. Et permet d'autre part de comprendre qu'une stimulation électrique, donc artificielle, appliquée au centre récepteur puisse créer une représentation avec un « contenu perceptif[17] ». Toutefois, le problème reviendra à propos des stimulations électriques centrales, dont l'effet subjectif n'est en toute rigueur ni une expérience périphérique ni une hallucination[18].

---

15. Qui est celui de John Locke comme aussi, semble-t-il, de son contemporain Nicolas Malebranche, ainsi que d'autres théoriciens du xviie siècle (Bonjour, 2011).

16. Brièvement, et pour compléter, rappelons, à propos de la perception, qu'il existe des points de vue très différents des réalismes ; il y a ainsi l'idéalisme qui, depuis Berkeley, soutient que la réalité est limitée aux qualités mentales, et il y a le scepticisme, celui de Hume qui conteste notre capacité à connaître quoi que ce soit en dehors de notre esprit. Cela est évidemment bien différent des perceptions élémentaires signalées par un patient sous stimulation isolée et ménagée de son aire visuelle.

17. Précisons bien encore que ces perceptions, même suscitées artificiellement, sont bien plus complexes que les très frustes et très élémentaires sensations mentionnées au début de l'ouvrage, chez le patient en approche neurochirurgicale.

18. On a plus récemment conçu deux autres façons de concevoir le percept : soit comme « contenu » (*content view*), soit comme « objet » (*object view*). Dans le premier cas, c'est le contenu représentationnel qui est vrai ou faux, indépendamment du fait que l'objet existe ou non ; cette « vue » fait donc une place à la possibilité d'hallucinations, de perceptions sans objet. L'*object view*, elle, conçoit, au contraire, que, pour la perception, la présence de l'objet est fondamentale : voir est avoir conscience de l'objet

COMMENT DISTINGUER UN NEURONE
PARTICIPANT À LA CONSCIENCE ?

Une question essentielle, et déjà posée, est de savoir s'il est possible de distinguer des neurones activement impliqués dans une procédure consciente d'autres qui ne le sont pas. Ces neurones impliqués sont-ils d'une classe particulière[19] ? Ont-ils des connexions spéciales ? Une manière originale de décharger ? Le fait qu'un neurone soit activé par la vision d'un objet signifie-t-il qu'il appartient nécessairement au circuit de vision consciente ?

La stratégie, pour prétendre pouvoir répondre à ces questions, est de comparer des cas où, grâce le plus souvent à un signal comportemental, il est possible de déceler une différence de réponse neuronale selon que le sujet a ou non vécu une expérience consciente de l'événement. Tononi et Koch (2003) en rapportent un exemple emprunté au système visuel du macaque – exemple qui illustre d'ailleurs la complexité de l'approche dans la mesure où tout dépend du signal nerveux qui est pris en compte. Plus précisément, il s'agit de la concurrence binoculaire chez ce singe, une image différente étant adressée à chaque œil. On sait que, chez l'homme, les deux yeux ne peuvent pas voir les deux images simultanément, mais seulement en alternance (images dites bistables). L'expérience a montré que les macaques expérimentaient la même alternance.

L'exploration électrophysiologique de ce modèle (Blaje et Logothetis, 2002) a permis d'établir : 1. qu'il y avait peu de modifications de l'activité neuronale au niveau de l'aire de réception primaire V1, au cours de cette alternance, sinon une faible modulation ; 2. qu'on observait en

---

réel. Dans un tel cadre, dit du disjonctivisme, les hallucinations, même indiscriminables des perceptions, n'ont pas le même caractère phénoménal et ne seront pas justiciables des mêmes analyses (Sotheriou, 2010).

19. La littérature anglo-saxonne parle de NCC, *neural correlates of consciousness.*

revanche dans la région corticale inféro-temporale – zone visuelle non primaire dite ventrale (voir annexe) – une réponse neuronale massive au stimulus dominant à l'instant *t*, celui qu'on présumait perçu consciemment, ainsi que le prouvait le comportement instantané de l'animal. De manière générale, un ensemble de travaux ont établi que, dans cette concurrence binoculaire, les cellules de la voie corticale ventrale, y compris la région inféro-temporale, les gyrus fusiforme et parahippocampique, répondaient en fonction non de la stimulation, mais de la perception consciente instantanée (Tong *et al.*, 1998 ; Rees et Frith, 2007). Ainsi, la participation de l'aire V1 à la perception consciente paraît, du moins dans ce cas, peu probable. Se pose dès lors aussi le problème de la validité des données IRM qui ont repéré des signaux positifs dans V1 et même dans le relais genouillé latéral du thalamus. La conclusion est inévitable : les signaux BOLD (voir annexe) ne refléteraient pas nécessairement la participation à la conscience. D'ailleurs, de tels signaux ont également été observés dans des zones restreintes des aires primaires auditives et somatiques chez des sujets humains comateux végétatifs – donc inconscients.

Toutes ces données, combinées, aboutissent à dénier aux aires primaires une participation importante à la perception consciente. À cet égard, les cas de vision aveugle, dont il sera question plusieurs fois dans cet ouvrage, ont également permis d'intéressantes constatations. Brièvement, il s'agit de sujets porteurs de lésions d'une aire primaire visuelle V1 et qui conservent une certaine vision soit de la forme, soit du mouvement dans leur champ « aveugle ». Où est alors située la zone de conscience et comment la caractériser ? On a évoqué le rôle probable d'aires visuelles secondaires dites « péristriées » (V2, V3, V4, V5-MT). Celles-ci bénéficient d'un apport de projections visuelles dites extragéniculées qui empruntent le colliculus supérieur, centre profond, et un autre noyau thalamique, le pulvinar[20]. Les chercheurs en concluent fréquemment que recueillir une activité corticale en tant que telle ne suffit pas à déterminer si le sujet est conscient ou non de ce signal – ce qu'ont confirmé bien d'autres observations.

Les exemples abondent de signaux électriques ou hémodynamiques qui ne correspondent en aucun cas à une expérience consciente. À se limiter aux signaux électriques, il est évident que leur configuration temporelle doit avoir une importance essentielle, si l'on note que le cortex est globalement actif dans certaines parties du sommeil où l'état conscient ne semble pas dominer, ainsi que dans certaines conditions pathologiques comme les épilepsies grand-mal où le sujet est inconscient. Il conviendra certainement dans les années qui viennent de trouver d'autres caractéristiques dynamiques plus complexes. À titre d'exemple, on sait que, chez le primate, en contraste avec le système visuel ventral évoqué ci-dessus, le travail du système visuel cortical dorsal dans des cas de mouvements de suivi (*tracking*) visuomoteur échapperait à la conscience.

QUELS CORRÉLATS NEURONAUX GLOBAUX POUR L'ACTIVITÉ COGNITIVE ?

Si l'on ne sait pas actuellement caractériser l'activité d'un neurone qui serait liée à sa participation à la conscience, des recherches, qui ne sont pas récentes, ont en revanche identifié des activités d'ensembles neuronaux, en particulier corticaux, vraisemblablement associées à une opération cognitive. Dès les années 1950, la mise en évidence des mécanismes de la vigilance, avec le rôle de la formation réticulée, a focalisé l'intérêt sur le marqueur que

---

20. Chez certains sujets ayant subi une ablation totale d'un hémisphère, une vision résiduelle subsiste aussi, qui serait due au colliculus (Perenin et Jeannerod, 1978).

constitue une activité électrocorticale très rapide et surtout désynchronisée, signifiant la disparition de tous les rythmes EEG ou ECoG, lesquels sont amples, caractéristiques de la relaxation, de type alpha (autour de 10 Hz) ou plus lents encore d'assoupissement et de sommeil. Il est dès lors devenu habituel de considérer les rythmes très rapides comme liés à la perte de synchronie et comme caractéristiques de la vigilance *et* de l'activité cognitive. Ce n'est que vers 1965 que des études sur le chat et le singe ont repéré le développement de rythmes corticaux relativement localisés, amples et bien visibles sur le tracé, de fréquence comprise entre 15 et 40 Hz environ – donc *moyennement* rapides –, mais néanmoins associés à des situations cognitivo-comportementales relativement bien caractérisées. Ainsi a-t-on pu décrire l'apparition de 30-40 Hz chez le chat et le singe lors de situations d'attention focalisée (Rougeul-Buser et Buser, 2011). Peu après sont apparues les hypothèses donnant à ces rythmes dits désormais rapides, bêta ou gamma selon les fréquences et les écoles, un rôle de marqueur dans le processus conscientiel, élargissant en quelque manière leur signification fonctionnelle. De la sorte se sont bâties des théories de la conscience dont nous reparlerons plus loin.

LE LIAGE (*BINDING*), ÉLÉMENT DYNAMIQUE ESSENTIEL DE L'INTÉGRATION CONSCIENTE ?

C'est en particulier à von der Malsburg (1995) que l'on doit le rappel de cette notion déjà ancienne de *binding* (liage[21]). Pour construire une représentation mentale d'un objet, il est nécessaire, en effet, que soient associées, voire synchronisées, les participations d'un certain nombre de

---

21. Après vérification (*Littré*, *Petit Robert*), ce terme n'est pas un néologisme, mais un mot ancien désignant des actions du passé !

groupes neuronaux. De manière générale, le liage serait un processus central dans l'opération de la mise en conscience. Comment le cerveau parvient-il à réunir toutes les informations pour aboutir à une unité de l'expérience vécue et à faire d'une perception une expérience complète à partir d'éléments variés ? Cela pose le problème de la synthétisation de ces informations spatialement dispersées et donne au *binding* toute son importance à divers niveaux centraux[22].

En fait, cette question apparaît, semble-t-il, bien avant les neurosciences, dans la *Critique de la raison pure*, lorsque Kant évoque l'« unité transcendantale de l'aperception[23] ». Au terme de ces nécessaires convergences, peut-on imaginer que le liage aboutisse à l'objet ou à la pensée finale consciente à un moment donné[24] ?

RÉTROACTIONS ET INTERACTIONS À LONGUE DISTANCE

Nous allons évoquer ici d'autres classes de données, cette fois soutenues par l'anatomie et susceptibles d'expliquer ou, au moins, de pressentir certains autres mécanismes de prise en conscience. Le rôle d'une activité réentrante a maintes fois été impliqué. Au lieu de postuler la seule nécessité d'une certaine décharge durable pour que l'item présenté soit perçu consciemment, une autre explication a souvent été avancée, à savoir la nécessité d'une deuxième

---

22. Argument également avancé par Crick et Koch, 1994.

23. Ce problème de l'unité de l'aperception vis-à-vis du *binding* a été examiné en détail en particulier par Andrew Brook, *The Stanford Encyclopedia of Philosophy*, 2010.

24. Certes, remarque G. Mashour (2004), l'analyse kantienne de l'aperception fait appel à une étape initiale qui serait *a priori*, alors que les opérations neurales sont en quelque sorte *a posteriori* ; pour lui, la conscience présuppose l'unité. En fait, Kant fait aussi jouer une synthèse de l'aperception qui est empirique et autorise en quelque sorte à ce niveau l'appel au *binding*.

activité qui viendrait d'un niveau plus élevé et qui serait, donc, en quelque sorte, rétroactive. Un exemple est le cas du cortex fusiforme (aire des reconnaissances des faces). Activé, celui-ci peut faire que ne se produise pas de reconnaissance consciente de la face, tout en permettant des actions liées à cette présentation (catégorisation inconsciente). Toutefois, il suffirait qu'un retour opère après un détour par quelque aire frontale pour que la reconnaissance consciente soit rendue possible. Un autre exemple nous ramène à un vécu conscient à partir de l'aire V1 elle-même. Il a en effet été montré que des projections entre V1 et MT/V5, l'aire (voisine) de perception de sources mouvantes, étaient impliquées dans cette perception par V1. Nous y reviendrons là aussi.

La mise en jeu d'interconnexions intracérébrales longues a également fait l'objet de discussions à propos de la conscience. Des hypothèses déjà anciennes postulaient l'importance de telles connexions longues, en particulier entre aires corticales, dans la construction de l'expérience consciente. Outre les données anatomiques situant ces liaisons, l'analyse physiologique des signaux électrocorticaux a été importante : étant donné deux points cérébraux A ct B, où se recueillent deux signaux électriques analogues et très peu décalés dans le temps, quel est leur rapport éventuel (comment B est-il lié à A ?). Des analyses adéquates sont désormais possibles permettant d'aller au-delà de la simple corrélation, vers une certaine forme de causalité dans le fonctionnement cérébral et vers l'identification du sens des liaisons intracentrales impliquées, par exemple, dans des mécanismes de la conscience. Cette analyse a récemment été étendue à des connectivités cérébrales considérées comme non linéaires, celles par exemple qui sont traduites par l'imagerie IRM (Marinazzo *et al.*, 2010 ; Logothetis 1998 ; Kanwisher, 2001).

TRI ET SÉLECTION DANS LA CONSCIENCE

Autre problème d'importance : notre mental contient sans doute beaucoup plus d'informations qu'il ne peut y en avoir de consciemment disponibles à l'instant t. En principe même, un seul thème devrait y être présent à cet instant pour passer à la conscience claire, même si des alternances très rapides peuvent exister entre contenus. Les diverses assemblées de neurones entreraient donc d'une certaine façon en compétition. Il doit par conséquent exister un autre mécanisme permettant au cerveau de faire en quelque sorte le tri et de déterminer une éventuelle séquence de présentation. Et c'est ce qui revient sans doute à l'attention du sujet, fonction essentielle de sélection pour quitter l'inconscient et accéder à la conscience. On a ainsi évoqué des lieux de « processus de sélection » des contenus conscients. Parmi ces questions de sélection, il en est une qui concerne la liaison des différentes propriétés d'un objet en une seule perception consciente et cohérente. Comment sont en effet sélectionnées les assemblées de neurones dont les messages quittent l'inconscient pour édifier la conscience complète de tel objet ou également d'ailleurs de telle pensée ? Comment la représentation d'un objet donné devient-elle consciente alors que les autres demeurent inconscientes ? Autrement dit, qu'est-ce qui détermine laquelle des nombreuses assemblées de neurones (correspondant à diverses représentations d'objets différents) va entrer dans le domaine de l'attention focalisée ? Pour certains chercheurs, ce seraient des interactions thalamo-corticales qui assureraient ce rôle. S'est de la sorte développée une classe de théories qui, à la fois, intègrent les données de l'état conscient de veille et du rêve, s'attaquent au problème de liaison et fournissent un critère pour déterminer quelle représentation consciente doit être sélectionnée à un moment donné (Dennett, 1996 ; Edelman, 1989 ; Crick et Koch, 1998).

CHAPITRE 3

PLURALITÉ DES NIVEAUX DE CONSCIENCE

Tenter de délimiter la conscience et d'examiner les traits généraux de son existence et de sa nature n'épuise pas la problématique. Nous plaçant à une autre échelle, il convient maintenant d'en distinguer et d'en discuter les niveaux différents. Assez peu de philosophes ont abordé ce difficile problème du « combien de modalités différentes de conscience ? ». Nous tenterons de faire un état des lieux, au moins partiel, car les idées évoluent vite dans ce domaine. Pour s'en tenir à l'homme, il est en général acquis désormais que la conscience est, à des subtilités près, à deux niveaux : la conscience dite de fond, ou de base, ou large, ou primaire, qui nous permet de vivre nos perceptions, nos actions et nos pensées, et la conscience réflexive, dite aussi autoconscience, self-conscience *ou métaconscience, grâce à laquelle, par l'introspection, nous nous connaissons nous-même en tant que percevant, agissant et pensant. Au cours de notre discussion sur cette diversité, une autre évidence s'est également imposée : la nécessité de la phylogenèse. Car la conscience n'est plus actuellement considérée comme la seule affaire d'humains, certains animaux y auraient droit, mais sous quelle forme ? Il est clair qu'en y adhérant notre position est nettement opposée à la conception généralisée de Descartes, puis de La Mettrie et d'autres encore, de l'animal-machine, qui nous paraît d'un autre âge.*

La conscience primaire

> *« Qu'as-tu, Balthazar, à tourner autour de moi ? Devinerais-tu par hasard que je m'occupe pour l'heure de l'esprit de tes congénères ? »*

Il y a un demi-siècle, Alfred Fessard (1954) expose ses vues sur une forme d'expérience consciente qu'il qualifie de « primaire », car relevant d'une activité intégrative cérébrale de base ; celle-ci, bien entendu, n'en représente qu'une fraction, variable selon l'espèce animale[1]. Ce faisant, Fessard fait en somme le pari qu'une telle instance mentale, aujourd'hui également appelée conscience de fond ou de base, existe effectivement non seulement chez l'humain, mais aussi dans une partie au moins du règne animal[2], mais à quel niveau phylogénétique est-elle apparue ? Inévitablement s'ensuit un débat sur le niveau de cette conscience de base chez l'animal, et dans quels groupes, ce qui est une façon moderne et plus concrète de reposer la question, ô combien traditionnelle et quasi populaire et même humoristique : « Les animaux ont-ils de l'esprit ? »

Les idées progressant, il s'est écoulé, au fil de cette prise d'intérêt scientifique pour la psychologie de l'animal, qui ne date guère que d'un siècle et demi, un long épisode au cours duquel, tout en s'intéressant aux comportements d'espèces variées et en les décrivant soigneusement, les psychologues animaliers, sans doute animés du souci de ne pas sortir d'un matérialisme de bon aloi, ne concevaient le non-humain que comme une « machine », certes complexe, mais sans esprit.

---

1. D'autant que notre perception de l'évolution est ici exagérément simplifiée !

2. Le problème se pose de ce qui pourrait être l'appellation la plus correcte de cette conscience. On a parlé de conscience phénoménale ou de conscience sensorielle (Proust, 2003).

C'est ainsi que sont nées certaines grandes théories sur l'apprentissage, d'abord avec Pavlov, puis avec les béhavioristes essentiellement d'outre-Atlantique, de Watson à Skinner (voir chapitre premier). Pour les uns et les autres, le problème d'une conscience animale ne doit pas être évoqué. À telle enseigne que, pour les béhavioristes les plus rigoureux, et contrairement en cela même à l'école russe, il ne peut pas être question de se poser le problème des mécanismes internes de tel ou tel comportement, l'organisme devant être considéré comme une boîte noire. Cette attitude excessive jusqu'à l'absurde a disparu progressivement pour faire place à des conceptions de la mécanique cérébrale qui, sans l'imposer bien sûr ou même le rejetant, autorisent *a minima* un questionnement sur un possible mental animal. C'est ainsi que se sont mises progressivement en place des conceptions plus subtiles de la dynamique stimulus-réponse d'un organisme animal, autrement dit de sa réponse comportementale à une incitation ou à une situation donnée. Très schématiquement, on peut volontiers imaginer trois modalités d'analyse, esquissées par la figure ci-dessous.

Dans la première modalité (niveau 1), seuls sont considérés le stimulus S et la réponse R, l'organisme étant la « boîte noire » classiquement évoquée par les écoles béhavioristes. Dans la modalité suivante (2), l'analyste ouvre la boîte noire et se propose de découvrir, entre S et R, un certain nombre de mécanismes neuronaux, opérateurs centraux en principe tous accessibles à l'investigation physiologique instrumentale, qui ont varié selon l'époque et sont toujours encore objet d'analyse. C'est là la pensée moderne purement matérialiste la plus acceptée aujourd'hui. Toutefois, l'analyse peut se compliquer dans la mesure (3) où l'on risque cette fois une hypothèse supplémentaire, à savoir que se déroule, *en parallèle* de l'opération physiologique centrale ou se substituant à elle, une expérience de vécu subjectif. Insistons vivement : cette dernière instance reste purement hypothétique, pratiquement non analysable chez l'animal jusqu'à ce jour,

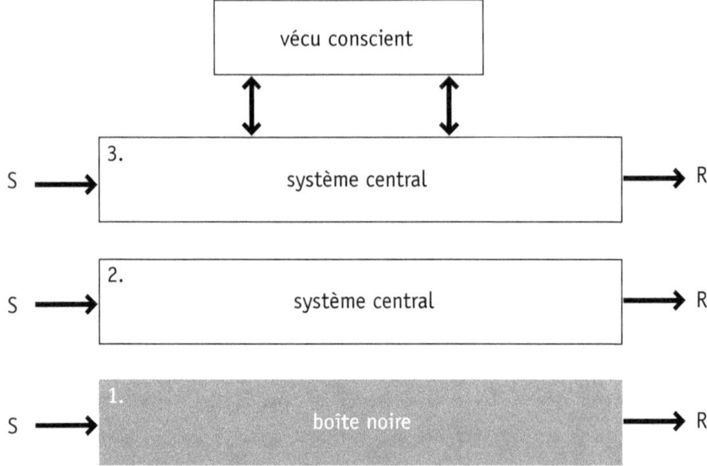

Figure 5. De la boîte noire au vécu conscient.
Schéma résumant trois points de vue que l'on peut adopter vis-à-vis
d'un animal à un niveau élevé d'évolution (carnivore ou primate par
exemple). Selon (1), le béhavioriste ne jugera que le comportement
de l'individu résultant de l'opération [stimulus S → réponse R], l'intermédiaire interne n'étant considéré que comme une boîte noire dont
l'analyse n'est pas à retenir. Selon (2), on prend, au contraire, en
compte la réalité d'un opérateur central dont on analysera le fonctionnement. Cette condition (2) ne suppose que des mécanismes physiologiques et psychologiques accessibles à l'analyse scientifique.
Selon (3), il est reconnu à l'individu un mécanisme de perception et
d'action conscientes, autrement dit un vécu subjectif qui, en parallèle,
accompagne les opérations en cours.

mais nous la supposons, avec d'autres, exister à partir d'un
certain niveau phylogénétique. Il est raisonnable de penser
que, phylogénétiquement, la conscience serait très élémentaire et fruste au voisinage de son niveau initial d'apparition
pour se complexifier dans les étapes de plus en plus élevées
de l'évolution, à l'exemple d'autres fonctions[3]. La conscience

---

3. James (1904) semble avoir déjà évoqué une certaine phylogenèse
de la conscience.

ne se présenterait donc en aucun cas comme un processus en tout ou rien, le long des lignées phylogénétiques. Nous acceptons cette hypothèse, tout en reconnaissant l'absence de moyens directs et objectifs, ce qui nous réduit à des indices collatéraux (Millner et Goodale, 1995 ; Rossetti, 1997). Pour nous référer aux philosophes, deux questions se posent donc inévitablement : 1) pouvons-nous déterminer quels animaux ont une conscience ? 2) quelle est la nature de leur expérience subjective (Proust, 2003) ? Ces questions ont aussi été posées par Griffin (2001) qui parle d'« éthologie cognitive » et examinées par Allen (2011).

Comme conséquence de cette prééminence de la phylogenèse concernant la conscience de fond, la douleur en tant qu'expérience subjective pourrait bien en dépendre. Un animal qui a une conscience primaire aurait des expériences subjectives d'autant plus précises que son espèce serait plus évoluée. En poursuivant l'idée, on pourrait imaginer que, dans une certaine partie du règne animal (impossible à déterminer actuellement) qui serait privée de conscience primaire ou chez laquelle elle serait encore très élémentaire, la réaction comportementale à la douleur serait uniquement une manifestation de la mécanique « réflexe » : stimulus → réponse sans conscienciation l'accompagnant, tandis que, chez l'animal devenu phylogénétiquement « conscient », cet automatisme commencerait à être doublé d'une impression subjective de douleur – et donc peut-être de souffrance, au sens le plus humain et le plus banal du terme. Le fait que la réaction réflexe soit ou non accompagnée d'un vécu douloureux ne serait cependant pas accessible à l'observation directe – d'où les interminables et insolubles discussions et polémiques sur la souffrance animale (voir aussi plus loin). La figure 6 ci-dessous schématise, entre autres informations, ce parallélisme supposé entre conscience primaire et évolution.

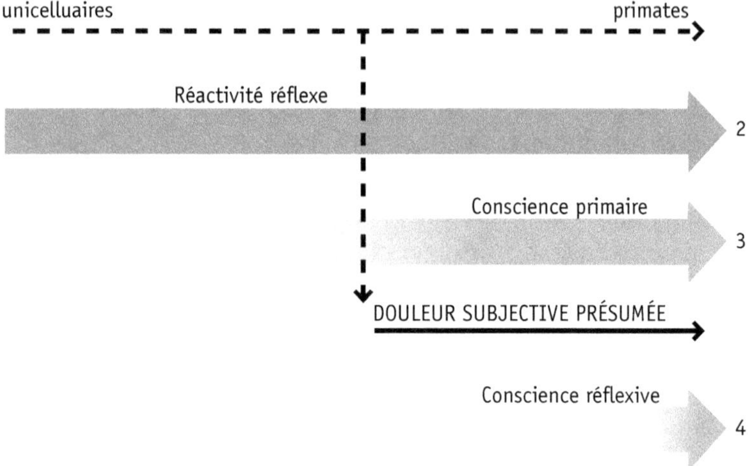

Figure 6. Phylogenèse hypothétique des consciences.
Diagramme délimitant hypothétiquement le domaine du réflexe et ceux du vécu subjectif dans l'échelle animale, en particulier pour la douleur. On a placé en haut l'axe phylogénétique, des unicellulaires aux primates (bien entendu, cet axe est simplifié presque à l'excès, au point de ne pas prendre en compte l'existence d'espèces peut-être très évoluées chez les invertébrés, tels certains céphalopodes). On situe selon (2) l'existence de réactions dites « réflexes » à des stimulations, en particulier à la douleur, cela quel que soit le niveau phylogénétique (y compris l'homme). (3) situe le domaine d'apparition progressive de la conscience primaire à partir d'un certain niveau phylogénétique non déterminé actuellement, avec l'hypothèse complémentaire de l'apparition concomitante du vécu douloureux. (4) figure l'apparition « explosive » de la conscience réflexive, chez l'homme et, semble-t-il maintenant aussi, en fin du phylum chez certaines autres espèces évoluées. Notons bien que l'hypothèse concernant le niveau d'apparition de la « douleur animale » est purement hypothétique. Elle est simplement raisonnable !

Le problème des qualia

Peut-on, maintenant, diviser la conscience de base chez l'humain ? Assez naturellement s'est imposée peu à peu l'idée que la conscience de base était une instance complexe, comportant probablement plusieurs sous-ensembles, dont l'un, concernant l'expérience phénoménale, méritait un examen particulier. L'arrivée de discussions sur les *qualia* est un des éléments clés de la délimitation de la conscience primaire, et on ne les compte plus. Le terme est utilisé, semble-t-il, pour la première fois (1929) dans son sens moderne par le philosophe C. I. Lewis pour désigner précisément « à quoi ressemble » (« *what is it like* ») l'expérience subjective fondamentale vécue sous l'effet d'une incitation ou lors d'un état mental. De même, avait écrit Broad dès 1925, à supposer que l'on ait une théorie complète des propriétés de l'ammoniac, on ne pourrait pas pour autant prévoir son odeur. Après H. Feigl (1958) qui donne toute son importance à la pratique de l'« expérience » (*acquaintance*) par rapport à la simple connaissance, c'est Dennett (1993) qui parle des *qualia* comme de « données incommunicables à d'autres, non saisissables, sinon par son expérience propre, privée et inaccessible à des comparaisons interpersonnelles, appréhensibles immédiatement à la conscience ».

Sur le même sujet, Jackson (1982) prend le cas (imaginaire) de Mary, élevée depuis sa naissance dans un environnement strictement noir et blanc, dépourvu de toute couleur (Nida-Rümelin, 2010). Cette femme sait tout sur le fonctionnement du cerveau, sur les couleurs et le mécanisme de leur perception. Elle connaît tous les phénomènes physiques et physiologiques sur la vision des couleurs, mais n'a jamais eu l'expérience de leur vision. La première fois qu'elle est mise en présence d'un objet coloré dans le monde réel, elle fait manifestement une expérience nouvelle, celle d'un *qualia* – en l'occurrence, « comment c'est de voir une couleur ». Jackson en déduit que l'expérience consciente implique des propriétés non physiques et que celui qui a une connaissance physique complète d'un autre être conscient ignore s'il peut sentir les expériences sensorielles de cet autre. Dans la même optique, Nagel (1974) introduit sa fameuse chauve-souris et note : « Même en sachant tout sur son sonar, nous ne savons pas ce que c'est que d'être une chauve-souris et de percevoir un objet avec son sonar. » À son tour, Ned Block (Block *et al.*, 1999) imagine qu'une population énorme qui imiterait l'organisation fonctionnelle d'un cerveau humain ne sentirait pas pour autant l'état mental interne de la douleur.

En bref, toutes ces expériences d'idées vont répétitivement dans le même sens, celui d'informations neurales qui ne sont pas interprétables en termes mentaux, ce qui correspond à des contacts du type neural → mental, c'est-à-dire O → S dans notre symbolique néodualiste. Elles nous font retrouver l'*explanatory gap* tant cité et dont nous avons déjà parlé (voir chapitre premier[4]). Pourtant, comme de juste, la discussion s'est poursuivie malgré tout. Par exemple, Dennett (1993) n'en est pas resté à ses premiers arguments – en fait, « Mary ne connaissait *pas toute* la physique » –, tandis que Churchland (1989), attaché au physicalisme[5], a estimé que les centres visuels de Mary n'étaient probablement pas développés durant cette période de sa vie, etc. À notre avis, ces objections ne sont pas convaincantes, mais n'est-il pas normal que la discussion reste très âpre, car elle met sérieusement en question les matérialismes ?

---

4. Block et Stalmaker (1999) discutent ainsi du danger que le dualisme fonctionnel dévie vers un épiphénoménalisme, ne donnant à la sensation subjective plus aucune signification causale.

5. Dans le passé, le physicalisme a été identifié au matérialisme, mais il est devenu difficile de qualifier certaines activités physiques comme matérielles (par exemple, une force de liaison intranucléaire).

Conscience P et conscience A

Parmi les théoriciens qui ont poussé plus avant la taxonomie, on peut retenir Ned Block (1989) qui, parlant de l'homme, mais sans ignorer l'animal[6], dit voir dans la conscience de fond deux opérateurs distincts : la *conscience phénoménale* (qu'il nomme conscience P) et la *conscience d'accès* ou *représentationnelle* (dite conscience A). La conscience P désigne le domaine « expérientiel phénoménal » (sensations, désirs, émotions) – autrement dit, le domaine des *qualia*. La conscience A, elle, gouverne les propriétés intentionnelles[7] (attention, attitudes propositionnelles, raisonnement, intention et contrôle d'actions éventuellement liées à telle sollicitation perceptive ou centrale), la disponibilité pour raisonner et guider rationnellement l'action et, dans notre espèce[8], la parole. Block, dans sa longue discussion, reconnaît que l'opérateur A est en principe toujours transitif (la conscience d'action), alors que P, plus couramment intransitif (la conscience simplement expérientielle), peut aussi le cas échéant mener à l'acte. Pour lui, les deux consciences, A et P, opèrent en général simultanément, mais on ne saurait les confondre. Il propose comme exemple de la dualité conscientielle dissociable des cas de vision aveugle de patients porteurs de lésions partielles de leur cortex

---

6. La lecture de Block laisse quelque doute sur la vision générale de l'auteur sur les types de conscience. Il semble toutefois qu'il ménage la possibilité de l'existence d'une autoconscience, distincte des deux entités qu'il décrit par le détail et que nous rapportons ici sous les termes généraux de « conscience de base ».

7. Notons que l'intentionnalité est entendue par Brentano comme la « conscience de quelque chose », à la différence du sens moderne du terme qui désigne l'« intention de faire quelque chose » (Jacob, 1997).

8. Block reconnaît par là que ces niveaux de conscience, A et P, existent chez au moins certains animaux.

visuel[9]. On sait que, dans de telles situations, le malade peut, moyennant un protocole de choix forcé, « deviner » un objet se projetant dans sa zone aveugle, sans pour autant le « voir ». Dans un cas typique, le patient peut indiquer bien au-dessus du hasard la direction de mouvement d'un spot de lumière tout en niant voir quoi que ce soit (sauf si le spot est très brillant, auquel cas il déclarera avoir une impression mal définie de mouvement vers l'objet deviné et non réellement vu). Cette non-possibilité d'exécution du mouvement intentionnel serait liée à un déficit de la conscience d'action A du malade.

On connaît les classiques hypothèses sur le rôle différent chez les primates de la route corticale « occipito-temporale ventrale » qui traite l'aspect phénoménal (« quoi ? ») et la voie « dorsale » occipito-pariéto-prémotrice d'action (« qu'en faire ? »). Block lie la conscience phénoménale visuelle P au système ventral (temporal) et la conscience d'action A au système dorsal (pariétal). L'hypothèse est assez plausible, et surtout compatible avec d'autres données qui accordent une place très grande à la conscience dans l'action « cognitive » de la voie ventrale et un aspect plus volontiers inconscient, au moins partiellement, dans certaines actions de la voie dorsale vers les aires corticales antérieures motrices. Ce point de vue d'une relative hypo-conscience de la conscience d'accès a cependant été discuté (voir également la conclusion).

Contrairement à ce qui pourrait sembler dans ce qui précède, les deux consciences découpées par Block ne sont pas opérationnellement équivalentes lorsqu'il s'agit de l'animal. Alors que la conscience d'accès pourrait, aux yeux de certains au moins, n'apparaître que comme un intermédiaire vers l'action, donc relativement imaginable en dehors de l'homme, la conscience phénoménale est le vrai méca-

---

9. L'observation a été faite par Weizkrantz en particulier. À noter que le syndrome a été reproduit chez le singe par Cowey et Stoerig (1995).

nisme créateur de la subjectivité sensorielle, c'est-à-dire des *qualia*. En sorte que déterminer les groupes doués ou non de conscience reviendrait, en fait, à chercher s'ils vivent ou non une expérience sensorielle. Et c'est ainsi que, à défaut de preuve, l'intuition de tout un chacun jouant, on retiendra volontiers actuellement les groupes suivants : les vertébrés amniotes, les mammifères et les oiseaux, excluant les invertébrés, sauf peut-être certains céphalopodes, et laissant dans un flou absolu les autres vertébrés – poissons, batraciens et reptiles.

Le tableau ci-dessous détaille les diverses opérations supposées effectuées par chacun des deux compartiments de la conscience de fond. On notera la colonne de gauche qui situe le niveau de vigilance comme un état distinct, mais, bien entendu, essentiel dans les opérations conscientielles. La conscience phénoménale implique les perceptions dites *qualia*. De la conscience d'accès dépendent en particulier les opérations de commandes du mouvement. Le tableau mentionne également les opérations de passage du conscient à l'inconscient (dit « implicite »), à travers les états particuliers que sont l'« état préattentif » et la « frange attentionnelle » évoqués en particulier par William James.

Vigilance	Conscience phénoménale	Conscience opératoire d'accès
Vigilance soutenue Réveil Capacité d'éveil	Phénoménologie Expérience subjective *Qualia* : « *What is it like to be a bat ?* »	Opérations mentales de préparation au comportement et à la verbalisation
	Préattentif ⬇ *Frange* *Inconscient* *Implicite*	*Préattentif* ⬇ *Frange* *Inconscient* *Implicite*

Quelques points sur la conscience réflexive

Pour une certaine philosophie traditionnelle de l'esprit, la conscience humaine représente depuis longtemps un ensemble d'opérations supérieures impliquant le soi, le monde, le cognitif et l'émotif. Toutes les discussions rapportées ci-dessus, en mettant en place une conscience de fond pour des opérations de base, sensorielles ou sensori-motrices, ou affectivo-émotionnelles, supposées présentes aussi chez certaines espèces animales, ne seraient-elles pas un peu, aux yeux de cette pensée traditionnelle, des subtilités modernes amusantes et à peine intéressantes ? Parlant de conscience réflexive, résultat de notre introspection, c'est maintenant seulement que, pour certains de nos lecteurs, nous abordons les vraies réalités ! Venons-en donc à cette conscience de notre propre expérience mentale, autrement dit la conscience d'être conscient de nous-mêmes et de ce que nous sentons et percevons. Dès lors abondent les questions, les hypothèses et les débats, on l'imagine aisément.

COMMENT APPROCHER
LA CONSCIENCE RÉFLEXIVE

Comment acquérons-nous une connaissance de notre conscience réflexive (autoconscience, ou métaconscience, ou *self-conscience*) ? La tâche implique, peut-on tout naturellement penser, l'introspection. À imaginer cependant comment se déroule cette construction dans le temps, se pose la question de l'interaction : comment dater l'introspection par rapport à nos états mentaux *en cours* (pensées, des perceptions, etc.) ? Pour Shoemaker (1996), l'immédiateté de l'examen introspectif viendrait de ce que les états mentaux en cours et leur examen introspectif sont *intriqués* fonctionnellement. Pourquoi pas même en une liaison causale ? Car cela supposerait que l'on puisse expliquer cette causalité mentale. Selon Lycan[10], un *scanning* serait assuré par l'attention, ce qui nous ramène un peu à la conception déjà ancienne de Locke (Nidditch, 1975) qui imaginait un sens interne ; l'hypothèse est en quelque sorte dans la même ligne : « Toute la conscience est explicable par ses représentations et ne diffère pas essentiellement des autres représentations. » Cette position empiriste de banalisation de l'autoconscience a été souvent reprise et discutée. Et la théorie de la dualité conscientielle (primaire/réflexive) a été refusée dans bien des cas, par des scientifiques ou des philosophes pour qui la conscience du soi n'est qu'une forme de perception de ses états internes (Churchland, 1988, 1989).

AUTOCONSCIENCE
ET CONSCIENCE PERCEPTIVE

Donner de l'importance à l'introspection nous oriente vers un deuxième volet sur l'autoconscience. C'est une question qui nous plonge dans le temps mais qui, on va le voir, reste actuelle. L'histoire commence avec Hume, dont nous avons vu les attitudes anticartésiennes puisqu'il avouait ne pas pouvoir vivre l'expérience de la conscience de soi, du *cogito*, son esprit étant toujours occupé par des sensations ou d'autres représentations. Hume travaille alors sur un modèle fondé sur l'emploi d'un sens interne, avec un mode opératoire pour l'essentiel analogue à celui des sens

---

10. À titre de curiosité, notons que, dans son ouvrage *Consciousness and Experience* (1996), William Lycan explique, par exemple, que huit types différents de consciences peuvent être identifiés : « *Organism consciousness ; control consciousness ; consciousness of ; state/event consciousness ; reportability ; introspective consciousness ; subjective consciousness ; self-consciousness* » ; Lycan ajoute d'ailleurs : « *And that even this list omits several more obscure forms !* »

externes, ce qui constitue le modèle introspectif. Le versant moderne de la controverse qui est alors née peut s'exprimer à peu près comme suit : faut-il obligatoirement, pour explorer notre mental, imposer l'autoconscience telle qu'elle est normalement vécue ou bien pourrait-on accepter de la limiter à une conscience perceptive, ce qu'implique Hume ? Des avis récents (Shoemaker, 1987 ; Rosenthal, 1997 ; Kriegel, 2007) dénient à cette conscience perceptive un tel pouvoir d'accession à l'autoconscience. D'autres opinions sont plus éclectiques, considérant que, si le point de vue humien interdit une certaine forme d'autoconscience transitive, une autre, intransitive, est possible ; nous reprendrons ci-dessous ces notions de transitivité et d'intransitivité. D'où cette question : peut-on être simultanément autoconscient et admiratif d'un objet (perceptif, donc) ? En stratégie transitive (autoconscience *et* perception distinguées), non. En revanche, à supposer que la stratégie mentale soit différente, à savoir intransitive (autoconscience *et* perception mélangées, pas de distinction, pas de dualité), la possibilité existe. Ainsi, dans le système dérivé de l'empirisme de Hume, on « ne peut être autoconscient d'être admiratif », mais on peut être « autoconscient admirant ». Ces discussions sont ici encore bien subtiles, mais est-on en droit de les ignorer ?

LE JE ET LE MOI

Voici, en interlude, une curieuse série de questions relatives à la conscience réflexive (CR). À l'examen, celle-ci ne se révèle pas simple. On distingue en effet la conscience réflexive de soi (CR d'état) et la conscience réflexive sur ses pensées (CR de substance). Être CR de soi (CR forte) n'est pas identique à être CR d'un événement particulier de son soi (CR faible). Une autre distinction a une longue histoire, elle vient de Kant qui distingue le « je comme sujet » et le « je comme objet ». En pratique, la différence est entre « je suis CR de moi » (CR sujet) et « je suis CR de moi qui pense que... » (CR sujet et objet). De son côté, James introduit le « je » (sujet) et le « moi » (objet), ce qui donne : « je suis CR que je pense que *p* » *vs* « je suis CR que moi je pense que *p* ». On en arrive ainsi à opposer la CR transitive à la CR intransitive : « je suis CR de penser que *p* » *vs* « je suis en CR pensant que p ». En CR transitive, la pensée et l'état de la CR sont traités comme deux états mentaux distincts ; en CR intransitive, il n'y a pas de distinction entre la pensée et l'état de la CR. Enfin, la psychopathologie s'est tournée vers la schizophrénie, pour prendre en compte ces malades qui ont des illusions de voix qu'ils abritent, mais dont ils ne sont pas les auteurs. Cela a pu inspirer une distinction qu'on a dénommée « CR comme auteur » *vs* « CR comme propriétaire ». Cette énumération peut paraître fastidieuse. Elle résume en tout cas un pan des subtilités que soulèvent inévitablement les notions fondamentales sur le sens du je et du moi et qui restent toujours d'actualité.

VUE SUR UNE CERTAINE PHYLOGENÈSE

De même que l'on a supposé que la conscience primaire apparaît à un certain stade de la phylogenèse, la conscience réflexive apparaîtrait « soudainement » chez l'humain et peut-être chez quelques espèces animales supérieures. En toute rigueur, la perception douloureuse, attachée à la conscience primaire, selon l'hypothèse évoquée ci-dessus, ne devrait cette fois pas évoluer. La proposition n'est toutefois probablement pas exacte : imaginons deux humains théoriques dans la douleur, l'un introspectant cette douleur, et l'autre non : seul le premier sera autoconscient de souffrir, mais tous deux vivront la douleur.

COMBIEN DE CONSCIENCES RÉFLEXIVES ?

Bon nombre de théoriciens acceptent l'idée d'une conscience réflexive, à certaines nuances près et quitte à lui trouver plusieurs composantes. Certains n'y décèlent qu'un seul opérateur, observateur des informations qui émanent de notre conscience primaire. Ce pourrait être le schéma de Damasio (2000), qui voit ce qu'il nomme la « conscience étendue » comme étant le fondement du soi autobiographique, laquelle reçoit des informations de la conscience dite noyau, terme qu'il semble adopter pour désigner la « conscience primaire ». On retiendra aussi Rosenthal (1997) pour qui un état mental est conscient si l'on est « conscient de soi-même comme étant dans cet état et que l'on est conscient d'être dans cet état en pensant que l'on y est ». Cet aspect autoconscientiel contraste avec la phénoménalité ; il est « la phénoménalité plus quelque chose d'autre ». En fait, la conscience de soi désigne alors la conscience de phénomènes particuliers reliés au concept de soi. Et l'on pourrait de la sorte poursuivre...

LES CRITIQUES

Plus informatives sont les critiques. Sans doute Dennett (1991) en énonce-t-il l'une des plus fortes. À ses yeux, on ne peut expliquer la conscience par la conscience : expliquer exige que l'explication ne fasse pas appel elle-même à une compréhension de ce qu'on souhaite justement expliquer. En d'autres termes, on n'aura expliqué la conscience que lorsque cela aura été fait en termes ne faisant intervenir ni le mot ni le concept de conscience. Sinon, on tombe dans une certaine circularité du raisonnement : « Le sujet ne peut en effet s'observer objectivement puisqu'il est à la fois l'objet observé et le sujet qui observe, d'autant que la conscience se modifie elle-même en s'observant. » Il est un fait que l'investigation de notre vie mentale n'est certainement pas suffisante pour élaborer une théorie étendue de la conscience. Toute psychologie impliquerait, en somme, d'examiner la conscience à la troisième personne, mais comment l'observer ainsi de l'extérieur ?

Et voici une tout autre échelle de réflexion, qui touche en quelque sorte au statut social de la conscience réflexive. On s'est en effet interrogé sur ce qu'elle signifie lorsque le cerveau qui l'abrite est « très évolué ». N'est-il pas concevable qu'elle appelle pour son interprétation une autre explication ? Certains (Singer, 2001) ont invoqué pour comprendre son émergence non point la genèse d'une méta-représentation de ses propres opérations cognitives par le cerveau, mais un dialogue entre différents cerveaux grâce auquel ceux-ci pourraient devenir conscients de leur autonomie. Elle aurait donc la qualité d'une acquisition culturelle. L'avenir apportera peut-être de nouveaux marqueurs de la métaconscience.

Et voici la théorie de l'esprit

La notion de théorie de l'esprit (TDE ; en anglais, *theory of mind* ou TOM) semble s'être développée à partir d'observations soigneuses et précises effectuées chez une espèce de singe anthropoïde, le chimpanzé bonobo, par David Premack et George Woodruff (1978). Cette fonction mentale a suscité depuis les années 1980 une foule de discussions concernant son importance dans la structuration de la personnalité humaine. Car, pour faire bref, s'il s'est agi au départ de la capacité du chimpanzé à « deviner » et à comprendre les pensées et les intentions de son congénère, à avoir donc une théorie de son esprit, avec le passage à l'homme, la notion s'est étendue et diversifiée. Grâce à ce que les Anglo-Saxons désignent volontiers sous les termes de *mind reading*

(« lecture du mental[11] »), toute une série de discussions ont été animées au cours de ces trente dernières années autour des relations entre la TDE et l'autoconscience en tant que fonctions cérébrales finalement voisines[12].

Chez l'enfant, l'acquisition d'une TDE semble se produire vers 4 ans, avec d'autres éléments de la cognition, une certaine compréhension sociale et pratiquement en même temps que le langage. Baron-Cohen et son équipe (2009) ont fait justement remarquer que la théorie complète de l'esprit exige un système représentationnel, y compris des émotions de l'autre. Attribuer une motivation et une émotion à l'autre pourrait même précéder l'attribution d'un état cognitif. Par ailleurs, les études actuelles n'ont jusqu'ici pas décidé si le langage a un rôle causal majeur dans ce développement. En réalité, les données obtenues initialement sur la cognition des anthropoïdes montrent clairement une capacité de TDE en l'absence de langage (Tomasello et Call, 1997 ; Byrne et Whiten, 1988).

Une différence existe néanmoins entre humain et anthropoïde. Car un enfant, à la base, saura comprendre que les autres aient des connaissances et des croyances, et qu'ils puissent, en plus, déceler qu'elles sont fausses (*false beliefs*), alors qu'un chimpanzé ne semble pas capable de déceler ces fausses croyances. Le test typique utilisé chez l'enfant est celui, bien connu, de Sally-Anne[13] avec ses multiples variantes (Wimmer et Perner, 1984).

---

11. Et non « voyance », que *mind reading* signifie également !

12. Fodor (1992) a posé que la TDE devait constituer l'un des éléments modulaires du cerveau tel qu'il le conçoit.

13. Deux enfants, Sally et Anne, sont sur la scène ; un adulte et un enfant les observent. À un moment, Sally range sa bille dans son panier et s'en va. En son absence, Anne saisit la bille et la range dans sa propre boîte. Quand Sally revient, l'adulte demande à l'enfant observateur : « À ton avis, où Sally va-t-elle chercher sa bille ? » Il apparaît que, si l'enfant qui a vu la scène a plus de 3-4 ans, il n'aura aucun mal à prédire que Sally va chercher dans son panier. En revanche, un enfant plus jeune ainsi qu'un autiste même beaucoup plus âgé auront une « fausse croyance » et indiqueront le panier, ne sachant en quelque sorte pas se mettre à la place de Sally.

On ne saurait omettre ici un prolongement dans la pathologie mentale, à savoir le cas des enfants autistes (autisme proprement dit et sa forme atténuée[14] dite syndrome d'Asperger). En 1983, Wimmer et Perner ont montré que, chez l'enfant normal, la limite inférieure d'âge de réussite du test TDE est effectivement de 3-4 ans. C'est à cet âge qu'une fausse croyance peut être attribuée à l'autre. Ainsi est introduite la croyance, élément nouveau de l'activité mentale. Or il a été montré (Baron-Cohen *et al.*, 1995) que des enfants atteints d'autisme présentent très fréquemment un déficit dans ce test. Il ne s'agit pas d'un déficit cognitif général, puisque des enfants atteints du syndrome de Down (mongoliens) sont plus performants à ce test, tout comme des enfants atteints de troubles spécifiques du langage (Perner *et al.*, 1989) ou même des enfants souffrant d'un trouble de l'attention et d'hyperactivité (TDAH ; en anglais, *attention deficit hyperactivity disorder* ou ADHD).

Conscience réflexive
et théorie de l'esprit

Plus récemment sont nées d'intéressantes discussions qui témoignent des questions ouvertes par la théorie de l'esprit. Celle-ci est devenue, je l'ai dit, lecture du mental (LM) en généralisant l'analyse des états mentaux du tiers. Les débats ont eu pour premiers objectifs la comparaison au mental de l'autre du contenu de notre autoconscience (Nichols, et Stich, 1998) et la métaconnaissance que nous en avions[15]. Est née ainsi une

---

14. Pour certains, ces syndromes seraient en fait des entités cliniques distinctes.

15. Ceux-ci utilisent *self-awareness*, que nous traduisons par « autoconscience ».

proposition qui a été appelée théorie de la théorie (TT) et qui a suscité la controverse.

Selon les théoriciens de la théorie, l'accès à son propre mental dépendrait des mêmes mécanismes cognitifs que l'accès à celui du mental de l'autre, incluant ainsi d'emblée la cible psychologique de l'analyse TDE (Gopnik, 1993 ; Gopnik et Wellman, 1994 ; Gopnik et Meltzoff, 1994 ; Perner, 1991 ; Wimmer et Hartl, 1991 ; Carruthers, 1996 ; C. Frith, 1994 ; U. Frith et Happé, 1999). Non, ont objecté d'autres chercheurs (Nichols et Stich, 1998) auxquels il a semblé plus valable que la structure de l'autoconscience soit explorée par un autoexamen (AE ; *self-monitoring* en anglais) de ses propres événements mentaux qui serait indépendant de l'analyse TDE des événements mentaux de l'autre. Il semblerait, ont-ils affirmé, que l'analyse TDE ne soit pas suffisante pour autodétecter ses propres états représentationnels – croyances, désirs et autres attitudes propositionnelles. En revanche, raisonner sur ses propres états mentaux (et non simplement les détecter) pourrait être réalisé par une démarche TDE. L'autoexamen paraît chez l'enfant s'installer plus tôt que la TDE. Cela pourrait expliquer que l'enfant sache détecter et éventuellement exprimer assez tôt ses désirs, convictions, etc., mais qu'il ne sache pas raisonner sur eux. Ces chercheurs avancent donc l'hypothèse que le mécanisme d'autodétection de ses états mentaux est distinct de celui qui permet tout à la fois de raisonner sur ces états *et* de détecter les états mentaux de l'autre. Autrement dit, la détection de ses propres états et la détection de ceux de l'autre ne dépendraient pas du même mécanisme. On mesure par cet aperçu très succinct les avancées qui sont ainsi faites dans le domaine des mécanismes de la métaconscience[16].

---

16. Le terme de « métaconscience » est de plus en plus utilisé, semble-t-il, par la philosophie de la cognition. On remarquera que, dans le cadre des discussions ci-dessus, l'opération d'introspection est distinguée de celle de métacognition (Carruthers, 2000, 2011).

En pathologie, il a été possible de déceler des « doubles dissociations », à savoir des cas où les sujets ont un auto-examen (AE) intact, mais une théorie de l'esprit (TDE) déficiente, et d'autres une TDE intacte et une déficience de l'AE. Rappelons que, pour eux, seule l'AE peut détecter ses propres états mentaux, alors que la TDE permet de détecter les états mentaux de l'autre et de raisonner sur tous les états mentaux, de soi comme de l'autre. Trouver ces dissociations serait une preuve en faveur de l'existence de deux mécanismes différents. Dans l'autisme, estiment ces chercheurs, l'AE serait normal, et la TDE très affectée. Les autistes, comme les malades affectés du syndrome d'Asperger, auraient donc un accès à leur vie mentale intérieure, encore que celle-ci soit moins riche que la normale. Dans certains états de schizophrénie, en revanche, l'AE serait affecté, et la TDE normale. Chris Frith a récemment associé son hypothèse déjà ancienne de l'absence de « feed-back central » chez les schizophrènes (C. Frith, 1992 ; Frith et Corcoran, 1996) à l'idée d'une atteinte de la TDE ou de l'AE ; la discussion n'est pas close[17].

Indices de conscience réflexive chez l'animal

Retournons à présent au domaine animal. Où, dans la phylogenèse, peut-on éventuellement obtenir sinon une preuve, du moins quelques indices d'une conscience réflexive ? Dans son ouvrage de 1984, Griffin a développé ce qu'il voyait comme la conscience réflexive chez l'animal,

---

17. La capacité de faire la différence entre des informations générées par l'individu ou provenant d'autrui ou de l'environnement serait perdue par le schizophrène.

mais il a été bien optimiste et les discussions sont restées vives. Faut-il suivre Popper et l'écouter dire que le problème est « infalsifiable » et, donc, insoluble ? John Eccles, bien qu'il soit proche de Popper, a accepté l'idée que les chimpanzés possèdent des traces d'aires corticales pariétales[18] #39 et #40, préludes en quelque sorte au rôle fonctionnel supérieur que ces aires joueront chez l'humain. Bien sûr, l'argument est faible et comment, en outre, être localisationniste pour l'autoconscience ? La discussion pourrait être interminable. Le danger d'interprétations anthropomorphiques est immense, avec des faits qui, souvent, pourraient ne relever que de la conscience primaire ou même de simples apprentissages stimulus-réponse. Les vrais critères semblent complexes : ce n'est pas simplement de l'« intelligence », mais ce sont des opérations mentales bien particulières qu'il convient de découvrir – représentations, anticipations, transferts, abstractions, généralisations, intentionnalités. Certaines sont du type « comportement ludique » – « je sais que tu sais... », « je veux que tu croies que... » ; d'autres « trucs » relèvent typiquement d'interactions soit interindividuelles, soit entre animal et humain. Dès lors, il peut être intéressant d'examiner divers aspects de ces explorations des capacités, telles qu'elles ont été réalisées chez les primates *infra*-humains, et de montrer comment ils peuvent être conscients et d'eux-mêmes et de « ce que peut vouloir l'autre ». Car, dans cette autoconscience, un des aspects les plus saillants semble finalement être un ensemble de relations sociales.

Ce faisant, il n'est en aucun cas question de passer en revue les nombreux travaux sur les traditionnels « comportements intelligents » rencontrés dans l'une ou l'autre espèce de singe. Ainsi en est-il de leur utilisation d'outils, objet de diverses hypothèses selon lesquelles soit l'outil est fortuite-

---

18. Aires de Brodmann pariétales (BA) #39 et # 40 qui, chez l'homme, sont impliquées dans l'activité langagière.

ment découvert lors d'un apprentissage par essais-erreurs, soit le jeune animal apprend en imitant son entourage immédiat, soit il est « précablé » et utilise un type d'outil grâce à une aptitude acquise génétiquement, soit enfin il conçoit par une soudaine intuition l'outil adéquat (Chevalier-Skolnikoff, 1989 ; Vaclair, 1992), aucune explication ne semble devoir être jusqu'ici associée à une certaine « auto-conscience » telle que nous venons de la délimiter.

On serait également tenté de se tourner vers les capacités « langagières » des singes, cette fois en particulier anthropoïdes. Entendons non point leur contact avec l'autre, mais leurs possibilités de comprendre un certain langage de symboles et une certaine numérosité. En réalité, les innombrables et passionnants travaux dans l'un ou l'autre de ces domaines, tout en mettant l'accent sur les capacités cognitives des sujets, ne semblent pas aller dans le sens de ce que l'on cherche à identifier comme témoins d'une conscience réflexive chez l'animal.

En revanche, on retient actuellement certaines classes de comportements, plus ou moins complexes, qui, aux yeux de certains chercheurs du moins, pourraient se présenter comme des indices de cette autosignalisation réflexive ou introspective de soi et de l'autre[19]. Tels quels, les critères de la délimitation restent imprécis, il faut le reconnaître ; il manque une ligne générale, celle qui, sans doute, guidera mieux les choix futurs.

LA RÉACTION SPÉCULAIRE

Le test développé par Gordon Gallup dans les années 1970 consiste à peindre, à l'insu du sujet animal, une tache colorée inodore sur sa tête, en particulier sur une paupière.

---

19. Ces analyses chez l'animal ne vont évidemment pas dans la même subtilité que celle développée plus haut à propos de l'être humain.

Ce test permet effectivement d'évaluer la conscience de « soi » en déterminant si l'animal est capable de reconnaître son propre corps dans un miroir comme étant une image de lui-même. Selon l'espèce, le comportement peut prendre la forme d'un déplacement ou d'une flexion du corps pour mieux observer la marque, ou encore, de façon bien plus évidente, chez le singe, celle d'un tâtonnement de soi avec une main pour essayer de s'en débarrasser en se servant du miroir.

Ont réussi jusqu'ici le test les chimpanzés, les bonobos, les orangs-outans, mais aussi les dauphins, les orques, les éléphants (Plotnik *et al.*, 2006). Les porcs auraient aussi partiellement réussi le test. De façon assez surprenante, les gorilles échouent en général – à une exception près, semble-t-il, jusqu'ici, celle d'un animal élevé en captivité, ce qui dévalorise le test pour cette espèce réputée peu familière. Les singes non anthropoïdes ne semblent pas non plus le réaliser. À titre de comparaison, on notera que les enfants de moins de 18 mois touchent le miroir ou essaient de voir ce qui est caché derrière ; entre 18 mois et 2 ans, en revanche, ils portent la main sur leur front à l'endroit de la tache, ce qui incite à croire qu'ils ont acquis à ce moment-là une véritable conscience d'eux-mêmes, à la fois de leur corps et de leur identité psychologique. Bien entendu, les débats se poursuivent, en particulier à propos d'autres espèces (carnivores ou oiseaux[20]) qui ne sont pas nécessairement indifférentes à leur image dans le miroir (pies, perroquets), mais qui, pour autant, ne réagissent avec la précision révélatrice d'une perception de localisation corporelle. D'autres critiquent ce test parce qu'il désavantagerait plusieurs espèces, notamment certains singes inférieurs, pour qui regarder un congénère dans les yeux signifie une menace. En somme, l'inventaire des espèces reste ina-

---

20. Cette littérature est complexe et abondante. On pourra se reporter aux travaux suivants : Povinelli *et al.*, 2005 ; Patterson *et al.*, 1993 ; Marten *et al.*, 2008 ; Marten, 2001 ; Epstein *et al.*, 1981.

chevé. Le test méritait d'être cité, mais sa sensibilité et sa spécificité sont discutables. Au final, il ne justifie peut-être pas l'attention que lui portent certains.

UNE CERTAINE MÉTACONSCIENCE

Une autre série d'observations a été réalisée avec des animaux placés en situation d'« incertitude cognitive ». Il s'agit de primates ou de dauphins placés devant un comportement de choix difficile entre deux réponses. Les uns sont *forcés* de répondre et donc de faire le choix difficile entre les deux réponses, la bonne et la mauvaise. D'autres ont, outre le même choix difficile, une option supplémentaire : celle de s'abstenir tout simplement de répondre. On s'est alors aperçu que, dans ces espèces, les animaux qui étaient forcés de répondre faisaient plus d'erreurs (mauvais choix) que ceux qui jouissaient de l'option d'abstention, mais qui avaient néanmoins choisi de répondre. Or il se trouve que ce curieux comportement a été également constaté chez l'humain. Faut-il, dès lors, évoquer la présence, chez ces espèces animales, d'une étape de « prise de connaissance de ce qu'ils savent » – autrement dit, d'une « métacognition » associée à un « sentiment de savoir » ? Ces animaux n'auraient-ils pas des comportements évoquant ceux dictés par la cognition humaine consciente (Smith *et al.*, 2003 ; Smith, 2009) ?

UNE THÉORIE DE L'ESPRIT CHEZ LE BONOBO

On en arrive maintenant à une autre classe, la plus saisissante sans doute, qui concerne une forme de communication entre individus de la même espèce ou avec les opérateurs humains – autrement dit, une forme de « théorie de l'esprit », fonction dont il a été largement question ci-dessus à propos de notre espèce.

Un exemple qui situe bien le problème nous est fourni par une étude chez des singes non anthropoïdes. Elle est due à Seyfarth (1988) et a été commentée par Dennett (1996). Seyfarth a pensé identifier chez les vervets (*Chlorocebus*), singes non anthropoïdes qui vivent en colonies en Afrique orientale, quatre séries de signaux acoustiques d'alarme différents selon le type de prédateur (léopard, aigle royal ou python) qu'ils peuvent percevoir. Selon le cri qu'on leur rejoue lors de l'étude expérimentale, ils grimpent à l'arbre au cri du « léopard », lèvent le nez au cri de l'« aigle » et examinent le sol au cri du « python ». Dennett (1990) voit dans ces comportements différents degrés d'intentionnalité. Le stade le plus élevé « exprimerait » chez ces animaux que « Tom désire que les autres sachent qu'il y a bien un léopard, et pas n'importe quel prédateur dans les parages ». En revanche, il n'existerait pas dans cette espèce des intentionnalités plus complexes du type « Tom désire que Sam sache que Tom désire que Sam se réfugie dans l'arbre », que l'on trouve chez l'homme : la finalité du singe n'est que déclarative, elle n'est pas impérative.

Premack et Woodruff (1978) ont entrepris chez le chimpanzé des études systématiques dont ils ont rapporté les résultats sous le titre *Does the Chimpanzee Have a Theory of Mind ?* Avec l'observation de leurs bonobos, ils ont donné à la théorie de l'esprit un formidable élan, montrant que ces animaux sont capables de résoudre des problèmes qui, en leur présence, peuvent se poser à l'opérateur humain et que ce dernier n'est pas en mesure de résoudre. L'animal, par exemple, sait reconnaître l'accessoire qui manque à l'autre, humain ou singe confrère, pour la solution du problème ou pour effectuer le geste nécessaire pour que l'acte puisse être accompli. Autrement dit, le chimpanzé a été capable de se comporter en psychologue, « devinant » des intentions et des états mentaux chez l'autre, c'est-à-dire qu'il a une théorie de l'esprit de cet autre ; il sait aussi distinguer l'opérateur humain qui sait de celui qui ne sait pas et il est même, selon les deux chercheurs, capable de « savoir si l'information de l'opérateur est vraie ou erronée ». Nul doute que comprendre l'esprit d'un tiers se situe dans une catégorie très élevée d'opérations mentales conscientes, présumées liées à une métacognition très élaborée.

Devant ces observations et leur interprétation, certaines réserves ont, bien entendu, été exprimées. La prudence s'impose, a-t-on pensé, en particulier si l'on est tenté d'extrapoler d'une espèce à une autre, voisine. Si l'on peut concevoir que cette classe de comportement soit la manifestation d'une conscience réflexive de l'animal, il n'est pas impossible que l'évolution de cette autoconscience soit progressive et peut-être ponctuelle, et qu'elle opère par étapes imprévisibles et à peine saisissables. Dans un travail récent, trente ans après Premack et Woodruff, Call et Tomasello (2008) ont bien confirmé que les chimpanzés avaient une théorie de l'esprit, qu'ils comprenaient effectivement les intentions et objectifs de l'autre, ainsi que ce que perçoit et sait l'autre. Il est entendu qu'ils comprennent bien, dans le sens de la perception du but et comment ces états psychologiques débouchent sur des intentions d'action. En revanche, ils ne semblent pas capables de suivre le *sens* d'une croyance ou d'un désir très élaboré de l'autre. En particulier, ils ne paraissent pas comprendre que d'autres aient des représentations mentales du monde qui guident leur action, mais ne correspondent pas à la réalité – autrement dit, qu'ils puissent percevoir des « fausses croyances » (*false beliefs*).

Il est donc entendu que le chimpanzé comprend les perceptions, connaissances et intentions de l'autre, mais il n'est apparemment pas, à la différence de l'humain, capable de deviner que la pensée de l'autre est erronée. N'oublions pas enfin que toutes ces conclusions, comme aussi ces spéculations, font inévitablement, encore à ce jour, l'objet de critiques et de rejets assez polémiques de la part de certains sceptiques (Derek *et al.*, 2007).

Intéressants aussi sont des débats sur les liaisons éventuelles entre métacognition et théorie de l'esprit, c'est-à-dire entre lecture de soi et capacité de lecture de l'esprit de l'autre. Des études récentes sur le macaque (Kornell, Schwartz, 2009) sont à cet égard à retenir : en utilisant des tests adéquats assez complexes, les chercheurs nous persuadent que leurs macaques possèdent une métacognition – autrement dit, une connaissance de leur propre contenu mental ; leur mémoire dans le cas d'espèce. Quand on sait que les macaques ne sont pas capables de théorie de l'esprit de l'autre, ces données semblent clairement plaider en faveur de l'indépendance de ces deux fonctions.

Corrélats cérébraux de la théorie de l'esprit

> « *Quel dommage, bonhomme, que tu n'aies sans doute pas de théorie de l'esprit...* »

C'est chez le macaque – et non chez le chimpanzé qu'on ne soumet pas volontiers à une exploration électrophysiologique invasive – que certains neurones aux propriétés remarquables ont été récemment décelés : ils déchargent lorsque l'animal voit un autre, soit congénère, soit humain[21], effectuer un certain mouvement – par exemple, une extension du membre antérieur. Point intéressant : ils déchargent ainsi jusqu'à l'achèvement présumé du mouvement de l'autre, même si cette phase finale leur est masquée.

Autre point fondamental : ces neurones déchargeront à l'identique quand l'animal observant fera lui-même un mouvement identique. De tels neurones ont été localisés

---

21. D'intéressantes discussions sont également proposées à ce sujet par Carruthers, 2007.

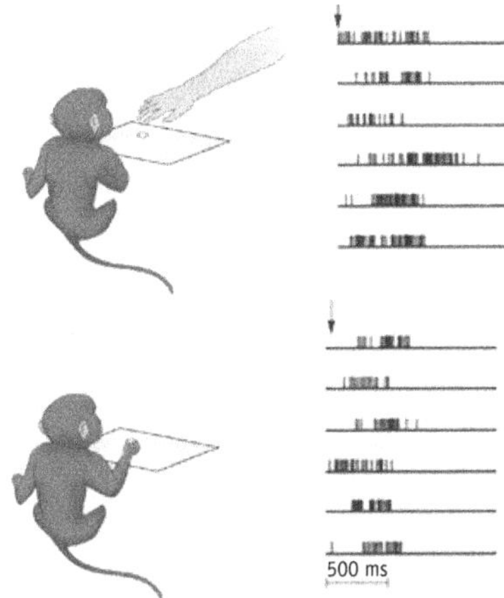

Figure 7. Neurones miroirs.
Une des multiples expériences démontrant la possibilité d'imiter (ou
même de « mémoriser ») une action effectuée par l'autre. En haut, le
singe voit l'opérateur effectuer un mouvement de grattage-préhension
sur une tablette, et son propre cortex pariéto-frontal développe une
certaine configuration de décharges neuronales. En bas, la tablette
est à présent placée à portée du singe. Celui-ci effectuera un mouvement de préhension imitant de très près le mouvement précédent de
l'opérateur. On note alors que le mouvement effectué par le singe
suscite pratiquement la même configuration de ses décharges neuronales. D'après Rizzolatti G. et Fabbri-Destro M., 2008.

dans le cortex prémoteur, ainsi que dans le cortex pariétal
et temporal.

Lors de leur découverte, ces neurones de l'imitation
(neurones miroirs) ont été associés à la capacité d'un individu de suivre, voire de deviner l'action et, à la limite, de
comprendre l'intention de l'autre. Une indication similaire
a été obtenue chez le macaque avec des cellules dans le
sillon temporal supérieur qui déchargeaient quand l'animal
fixait une cible visuellement, mais aussi quand il observait

des congénères fixer la cible. Ces données sont évidemment remarquables (Gallese et Goldman, 1998). Il y a une difficulté cependant : les macaques ont des neurones miroirs, mais ils n'ont pas jusqu'ici témoigné d'une théorie de l'esprit. On peut toutefois débattre : peut-être saisit-on dans l'apparition de ces cellules chez le macaque l'« annonce prochaine » de la théorie de l'esprit dans la phylogénie. Imiter apparaîtrait en quelque manière comme une « brique élémentaire » destinée à permettre – « très prochainement dans l'évolution ! » – de comprendre ou de prévoir la manière de penser et d'agir de l'autre, et, plus fondamentalement, de deviner ses pensées et ses intentions.

L'analyse cérébrale s'est également développée chez l'homme. On a évidemment fait appel à l'imagerie IRMf et aussi, le cas échéant, à l'examen de sujets cérébro-lésés. Retenons les données d'imagerie. Il a été de la sorte décelé une activation du lobe temporal lorsque le sujet observait, par exemple, une « intention de mouvement », celle d'un discobole présenté sur une photo (Kourtzi et Kanwisher, 2000). De son côté, Fadiga (Fadiga *et al.*, 2008) a analysé les potentiels musculaires évoqués au niveau de divers muscles d'une main par la stimulation magnétique transcrânienne (TMS) du cortex moteur. Il rapporte que, chez le sujet immobile observant un congénère dirigeant un mouvement vers une cible, l'amplitude de ces potentiels évoqués se modifie significativement, à stimulation corticale inchangée, et ce dans les muscles des doigts que le sujet aurait utilisés en exécutant lui-même le même mouvement. Cela, évidemment, constitue une autre illustration du contact pouvant s'établir entre sujets s'observant.

Ici se pose tout de même un problème : comment le sujet peut-il distinguer ce qu'il fait lui-même de ce qu'il imite « mentalement » ? On possède à cet égard certaines données récentes (Ruby et Decety, 2001 ; Decety et Chaminade, 2003). D'après l'imagerie, les deux cortex pariétaux symétriques n'auraient pas chez l'homme la même modalité d'activation selon les conditions : une opération effectuée par ses propres mouvements activerait davantage le cortex pariétal gauche, tandis que la seule observation du même mouvement exécuté par l'autre se répercuterait davantage sur le cortex pariétal droit. Un autre territoire a été impliqué, à savoir le cortex cingulaire antérieur (CCA), qui bénéficie de beaucoup d'apports, du cortex moteur, du cortex préfrontal, du thalamus, du tronc cérébral et de la moelle. Il s'agit d'un territoire fonctionnellement complexe, qui développe par exemple des potentiels avant le début d'un mouvement volontaire autocommandé (Frith et Frith, 1999). Or il est apparu que le cortex cingulaire antérieur s'allumait régulièrement dans des épreuves de théorie de l'esprit. Retenons aussi que certains ont parlé, à propos de théorie de l'esprit, d'un « opérateur cérébral modulaire » au sens de Fodor[22] (Scholl et Leslie, 1999).

Autre détail intéressant : cette région du cortex cingulaire contient, chez les anthropoïdes et chez l'homme, des cellules très particulières dites « cellules en fuseau » (*spindle cells*). Elles sont absentes chez le macaque, et leur densité semble croître à l'inverse de la distance phylogénétique avec l'homme. Faible encore chez l'orang-outan, cette densité est plus élevée chez le gorille et plus encore chez le chimpanzé. On peut spéculer sur le rôle potentiellement inhibiteur de ces éléments qui, peut-être, régulariseraient la composante sociale interactive, inhiberaient une certaine forme d'agressivité et même favoriseraient l'empathie dans le comportement interindividuel qui cesserait alors de n'être qu'attaque-défense.

---

22. Selon Fodor, l'esprit enferme des *modules* spécialisés dans l'exécution de certaines fonctions cognitives.

Du singe à l'homme,
la vie sociale

Il est concevable que les mécanismes impliqués dans l'imitation chez l'humain puissent nous faire comprendre que « les autres sont comme moi » et qu'ils soient à la base du développement de la théorie de l'esprit et, aussi, de l'empathie, instruments de notre vie sociale. Toutefois, ce serait une erreur de ne pas tenir compte de ce que viennent de nous enseigner les étapes phylogénétiques à l'intérieur même des primates. Les observations de Premack et Woodruff ont indubitablement marqué une orientation nouvelle dans la vision du jeu du mental dans leurs liens sociaux. Les neurones miroirs de Rizzolatti sont ensuite arrivés à point nommé pour susciter tout un ensemble de réflexions nouvelles. Même si ces deux classes de recherches n'impliquent pas le même niveau phylogénétique (chimpanzé dans un cas, macaque dans l'autre), l'idée de revenir sur certains aspects comportementaux et nerveux des primates était ainsi lancée, avec un intérêt tout particulier pour leur vie sociale.

On peut, bien sûr, théoriser sur la signification de ce qui apparaît comme une évolution mentale à l'intérieur des primates. Jolly (1966) et Humphrey (1976) ont, parmi d'autres, souligné que c'est l'environnement social qui aurait exercé une pression évolutive sur le développement de leur cerveau. Cette pression tiendrait à la vie en groupe, avec non seulement les compétitions pour la nourriture et le partenariat sexuel, mais aussi les nécessités de tolérer la proximité. Ainsi serait née une « intelligence sociale » (Whithen, 1997) dans une situation notablement gérée par la vision, mais certainement aussi par l'olfaction et l'audition, et sans doute également par le contact tactile et, pourquoi pas, par d'autres sensibilités auxquelles l'homme d'aujourd'hui n'a plus accès. Au-delà des habituelles luttes et attaques-défenses, les interactions sociales complexes qui en découlent pourraient avoir comporté des opérations de rapprochement.

Chez les primates, et surtout les anthropoïdes, se serait installée une certaine « libération » des signaux rituels, ceux-ci perdant la rigidité qu'ils pouvaient avoir chez les espèces inférieures. Il en est ainsi, par exemple, d'un signal initialement d'alarme qui pourrait ensuite prendre plusieurs significations différentes. Cette polysémie ouvre des espaces de vie et de jeux en groupes et se répercute de toute évidence sur la vie sociale. Ces besoins auraient donc été des forces dominantes dans l'évolution de la cognition et dans le développement de la théorie de l'esprit chez les primates (Byrne, 2003), avec des liens entre l'évolution des capacités mentales et la vie sociale, l'environnement exerçant une pression sélective sur leur intelligence[23]. Le *mind reading* rendrait possible de connaître les émotions et d'apprendre la signification des expressions faciales avec la finalité évidente de situer le cadre de la liaison interpersonnelle. La capacité de lecture de l'esprit est peut-être l'élément le plus important pour la connaissance et l'accord social. S'y ajoute le besoin de distinguer la coopération sincère et le tricheur[24], et, aussi, de développer ce que certains ont d'ailleurs vu comme une intelligence « machiavélique » (Byrne et Whiten, 1988 ; Whiten et Byrne, 1997), attitude qui, selon les moments et les circonstances, avantagerait, envers un même congénère, tantôt la coopération et la bienveillance, tantôt la tromperie et la férocité.

---

23. Dans toute cette réflexion, on admet un sens de la causalité, la pression évolutive étant le moteur princeps. On peut ou non attacher une certaine valeur à cette façon de juger l'évolution.

24. Tout n'est pas simple néanmoins, car la théorie de l'esprit du chimpanzé n'implique pas, comme on l'a vu, la « fausse croyance », laquelle intervient néanmoins dans sa vie.

Dans le cadre de cette vue évolutive, nous avons essayé d'imaginer, un peu hypothétiquement[25], quelles ont pu être les étapes marquant les modifications mentales, du « simple primate » au primate préhumain, puis à l'humain, cela en compliquant quelque peu la nomenclature. Le stade fonctionnel de départ, que nous avons, avec d'autres, désigné par les termes de « conscience primaire », est cette fois nommé *autoreprésentation* – représentation à soi de ses impressions corporelles sensorielles et motrices. Grâce à une puissante intersubjectivité dans leurs relations intraspécifiques, grâce aux informations obtenues sur les congénères, les neurones miroirs intervenant, se créeraient ensuite, cette fois chez les préhumains, les premiers éléments d'une *self-representation* – représentation de soi par rapport aux autres[26]. Cette *self-representation* évoluerait elle-même vers la *self-conscience* – conscience de soi par rapport aux autres, conscience réflexive. C. Menant reprend l'idée que la menace de la souffrance et du danger dans le groupe créerait une forme d'« anxiété » qui, en retour, agirait sur l'intersubjectivité et assouplirait les relations, conduisant à une vie de groupe pacifiée et où, sous une inévitable hiérarchie, se développeraient des imitations, une certaine communication, peut-être même une forme d'empathie. Ce schéma établit en somme une hiérarchie qui peut apparaître bien subtile, entre l'autoreprésentation du primate inférieur – qui ne serait autre que ce que nous avons qualifié de conscience primaire chez des espèces moins évoluées –, puis ce que l'auteur nomme la *self-conscience* du chimpanzé – et que nous avons qualifié de conscience réflexive – et la « véritable » conscience réflexive humaine (Meltzoff et Decety, 2003 ; Menant, 2008). On se plaît à croire à ce type

---

25. En nous inspirant assez étroitement de C. Menant (2008).

26. La distinction entre *auto* et *self* ne s'impose pas aisément. On admet ici qu'il s'agit pour le premier de « soi sur soi » et, pour le second, de « soi devant l'autre ».

de schéma qui semble ménager une hiérarchie entre le bonobo et nous-mêmes, ce qui n'est que justice. On est intéressé de lire aussi Dan Sperber lorsqu'il rappelle que l'existence d'une capacité de théorie de l'esprit, toute élémentaire soit-elle, chez le chimpanzé plaide en faveur de l'indépendance, dans tous les cas, de ce qu'il nomme la métareprésentation et le langage. Nous l'avons déjà signalé, ces deux fonctions, théorie de l'esprit et langage, sont à rapporter à deux « modules mentaux » spécifiques différents (Leslie, 1987).

De l'homme à l'homme : un pas vers la conscience émotionnelle de l'autre

À propos de la théorie de l'esprit, l'occasion nous était ici donnée de prolonger l'analyse chez l'homme, vers une psychologie en quelque sorte interindividuelle. Nous y avons renoncé, dans le domaine cognitif : la tâche était complexe et dépassait notre présent cadre. En revanche, nous sommes allés plus loin en examinant un aspect émotionnel/affectif, un type de contact d'individu à individu, qui a pris de l'importance aux yeux de la neuropsychologie et qui mérite d'être examiné. Il s'agit de l'empathie, déjà incidemment mentionnée ici et là.

Parler aujourd'hui d'empathie, c'est aborder le problème des relations interpersonnelles dans un cadre essentiellement émotionnel, qui n'a été pour l'heure caractérisé et analysé étroitement que dans notre espèce. Le terme d'empathie est jeune, mais il a déjà une longue histoire, puisque l'*Einfühlung* – son nom allemand de jeunesse – a successivement désigné depuis la fin du XIXe siècle la relation avec l'œuvre d'art, la relation avec la cognition de l'autre avant d'être globalement limité au domaine des émotions et des sentiments de l'autre[27]. Précisons davantage. Avec l'empathie, il s'agit de comprendre en soi les émotions qui émanent de l'autre, de les percevoir, mais sans pour autant les éprouver activement soi-même, de saisir ce que cet autre ressent, mais sans confusion entre soi et l'autre, de ressentir son état subjectif interne et le comprendre à partir d'indices objectifs externes (expressions faciales, voix, langage). L'empathie se produit indépendamment de tout jugement de valeur, sans que l'on ressente soi-même une compassion émotionnelle et que l'on perde son identité. Mode de connaissance, elle se distingue de la sympathie, qui est un mode de rencontre avec autrui, auquel s'ajoute une dimension de proximité affective qui vise à améliorer le bien-être. De son côté, la compassion se résume à une affliction pour les souffrances d'autrui sans recherche d'aide. Enfin, dans la contagion émotionnelle, une personne éprouve le même état affectif qu'une autre, sans conserver en revanche la distance entre soi et autrui.

Un des intérêts de l'empathie est qu'elle a fait de la part de certains neuropsychologues l'objet d'analyses instrumentales. On peut citer celle de Jean Decety par imagerie IRMf (Lamm *et al.*, 2007). Ce dernier a montré que, chez un sujet qui porte son attention sur un autre qui est en état de douleur, peuvent s'activer ses propres circuits corticaux et profonds impliqués dans la composante affectivo-émotionnelle de l'information douloureuse. Ainsi, chez un observateur qui assistait au spectacle d'un enfant accidentellement heurté par un outil dur, on a vu s'activer en IRMf, dans le cerveau de l'observateur, toute une série de structures impliquées dans le vécu douloureux individuel. On a alors pu distinguer deux groupes : celles concernant la dis-

---

27. On rappellera volontiers qu'après Theodor Lipps c'est Edith Stein, l'assistante du philosophe Edmund Husserl, qui a soutenu sa thèse de philosophie sur l'empathie (*Einfühlung*) en 1917. Déportée en 1942, Edith Stain est morte à Auschwitz.

crimination sensorielle de la douleur (aires somatiques S1, S2) et celles impliquant sa valeur affectivo-motivationnelle subjective et incluant le cortex cingulaire antérieur (CCA), l'aire motrice supplémentaire (AMS) et la région insulaire antérieure (voir annexe).

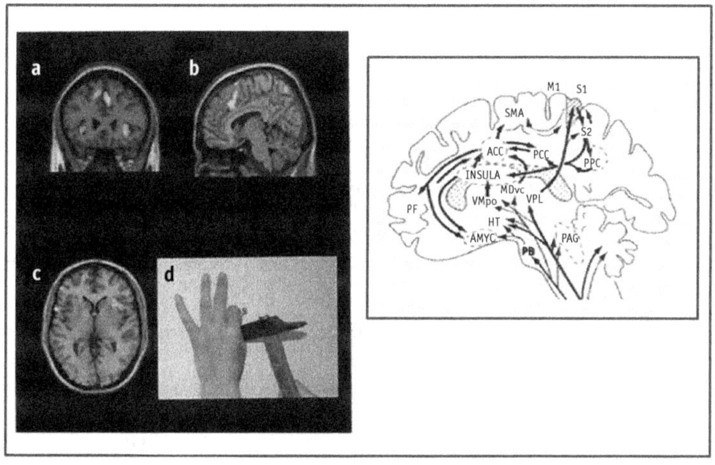

Figure 8. Empathie de la douleur.
Images IRMf obtenues sur un sujet portant son attention à la douleur d'un autre (vue en d). Les activations concernent le cortex cingulaire antérieur ACC, l'aire motrice supplémentaire SMA (a et b) et l'insula antérieure (c). La figure de droite situe, sur une vue latérale du cortex, les principaux territoires et voies impliqués, ceux dans la composante affective de la douleur (ACC, SMA, insula) et ceux dans la sensation discriminative (S1 et S2 en particulier) (voir annexe). D'après Lamm C., Batson C., Decety J., 2007.

On imagine aisément comment, avec cette « résonance » ainsi mise en évidence entre la douleur d'autrui et notre propre système complexe de perception de la douleur, peut se développer un sentiment d'empathie, nous permettant de partager la détresse de l'autre et nous guidant de la sorte vers un comportement social loin de l'attaque et de l'agressivité. Et pourquoi ne pas évoquer aussi, comme le fait Decety (2007), les réactions si fréquentes à la douleur subie par les animaux ?

Et pour conclure

Parler de l'animal, analyser certains signes de sa structure mentale a quelque peu dominé le chapitre qui s'achève. Bien curieuse a pu paraître cette incursion au milieu de débats sur la conscience humaine. À vrai dire, cette référence à nos « frères » s'est située dans deux perspectives conceptuelles bien distinctes. La première a concerné un point de vue évolutif mécaniste assez largement accepté, exprimant en termes fonctionnels la transition du simple organisme sensorimoteur jusqu'à l'animal à système nerveux de plus en plus complexe, justifiant d'un comportement de plus en plus élaboré. C'est en général ce que reconnaît notre communauté scientifique. Et c'est dans une seconde perspective conceptuelle que nous avons, cette fois, doté l'animal d'une certaine subjectivité qui, à nos yeux, a dû se perfectionner à mesure que les espèces évoluaient, une forme tout élémentaire de conscience apparaissant à un certain stade de l'évolution pour se complexifier progressivement. Le risque ainsi pris était évidemment très grand. Pour faire bref, c'est un peu après l'étude sur l'homme que je réponds tout simplement à une intuition que, provisoirement je l'espère, aucun fait expérimental n'est actuellement venu étayer.

CHAPITRE 4

L'INCONSCIENT COGNITIF ET ÉMOTIONNEL

L'analyse de l'inconscient est en soi un énorme programme, à laquelle nous nous sommes livrés il y a quelques années, comme tant d'autres il faut le dire, mais bien incomplètement (Buser, 2005). Le présent ouvrage n'en réclame bien entendu pas la reprise, mais il nous a néanmoins semblé qu'une suite logique à notre analyse de l'esprit et de la conscience gagnerait à contenir un examen des domaines inconscients les plus voisins, ceux qui concernent la vie cognitivo-affective, étroitement et sans césure majeure associés à la conscience et qui, souvent, sous le nom d'implicites[1], sont accessibles sans appel aux concepts et aux méthodes de la psychanalyse.

Entre cognitif-affectif et psychanalytique

C'est assez vite après Descartes que Gottfried Leibniz a eu, nous l'avons rappelé, l'intuition que certains événements mentaux n'étaient précisément perçus que très imparfaitement ou quasiment non perçus. Ces « petites perceptions »

---

1. Ces quasi-synonymes à la connotation moins mystérieuse.

amorcent pratiquement la notion d'inconscient. On retiendra que, de Leibniz à Husserl, malgré, en bout de ligne, un échappement vers la pathologie avec Hegel, on voit essentiellement l'essor d'un inconscient dans sa facette « connaissance *intellectuelle* ». Bien que, *a posteriori* en quelque sorte, on soit tenté d'y voir une période qui aurait été de « freudisme avant Freud », l'analyse semble avoir été majoritairement centrée sur la ligne leibnizienne plus que sur celle de la morbidité. Ce n'est qu'à la fin du XIXe siècle et au début du XXe que l'importance est assez soudainement donnée à des mécanismes inconscients associés à une vue très particulière de la vie mentale et que sont apparus les psychanalystes. C'est en raison sans doute de cette croissance de l'inconscient psychanalytique que l'« inconscient de la normalité » passe au second plan. Toutefois, avec l'essor des sciences cognitives, il redevient assez rapidement évident qu'une partie de leurs opérations n'est pas nécessairement consciente, sans être pathologique, et se situe dans l'implicite. Et c'est ainsi que, pour cette large catégorie de processus mentaux, un nouveau terme est proposé, celui d'« inconscient cognitif » (Kihlstrom, 1987).

De cet inconscient initialement et principalement désigné comme « cognitif », par Kihlstrom (1987) en particulier, il était bien clair, au début du moins, qu'aucun de ses aspects ne devait relever de la psychanalyse. Toutefois, au fil de la prise en compte des faits et des discussions, cette délimitation a été revue. Car il a semblé, à l'examen un peu approfondi des données, qu'entre les deux extrêmes, au-delà du cognitif, mais en deçà du psychanalytique, existait une large interface de jeu de l'affectif et de l'émotionnel. Est apparu indispensable, dès lors, d'associer désormais, aux facettes de l'inconscient cognitif dans leur aspect objectif, austère et froid, la puissance de la motivation émotionnelle et affective. Autrement dit, la ligne de partage qui était assez naturelle entre cognitif et émotif s'est en quelque manière estompée au profit d'une autre frontière : celle entre, d'une

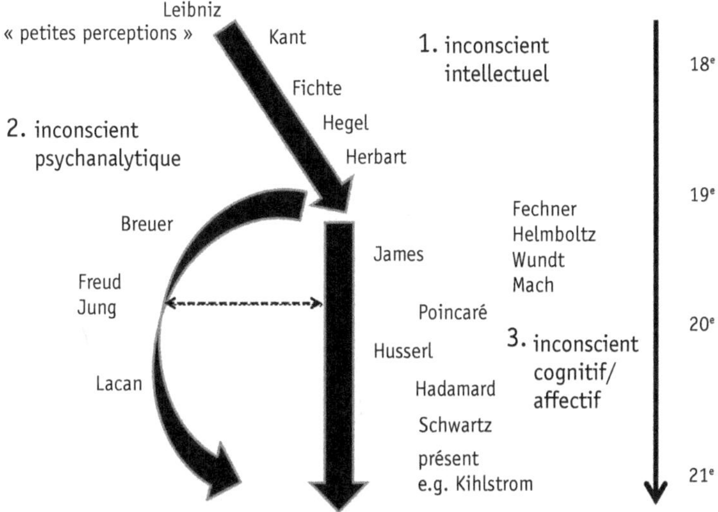

Figure 9. Évolution de la conception des processus inconscients entre le XVIIᵉ et le XXIᵉ siècle (schéma simplifié).

L'inconscient intellectuel a débuté, après Descartes, avec Leibniz, puis Kant, Fichte, Hegel, Herbart, James et Husserl (flèche 1). Une tendance s'est dessinée vers l'inconscient psychanalytique (flèche 2), qui a connu son grand développement à la fin du XIXᵉ et au XXᵉ siècle, avec Freud et d'autres. Entre-temps, l'inconscient intellectuel a persisté (flèche 3), au moins discrètement, avec les mathématiciens Poincaré, Hadamard, Schwartz, et dans les sciences expérimentales, pour, plus récemment, devenir l'inconscient cognitif, avec Kihlstrom et bien d'autres. Cet inconscient doit, en fait, être considéré désormais comme impliquant à la fois la cognition et l'émotion. La flèche transversale souligne les éventualités d'échanges entre les deux orientations, en particulier dans le domaine de l'affectivité et des émotions. D'après Buser P., Debru C. et Kleinert A., 2010.

part, un mental inconscient à dominantes cognitive *et* affective et, d'autre part, un « autre » inconscient, site mystérieux où se logeraient des pulsions, des états affectifs hors règles éthiques et sociales, refoulées et que seule, en principe, une intervention active externe pourrait nous aider à mettre au jour. De cet autre inconscient, l'exploration exige une investigation en profondeur, selon des règles et des principes d'analyse énoncés par des « sages », dans le cadre d'une dynamique émotionnelle étrange et nouvelle, née il y a un peu plus d'un siècle et devenue génératrice d'hypothèses originales sur le fonctionnement de notre psychisme. C'est un peu cet aspect historique que nous avons essayé de résumer, avec notre schéma nécessairement très approximatif (figure 9). Cela dit, notre position est claire : s'il est vrai qu'aux yeux de certains seule la psychanalyse nous en permet l'exploration, nous estimons *a contrario* que l'inconscient cognitivo-affectif est accessible aux explorations psychologiques et même physiologiques sans aucun appel aux conceptualisations psychanalytiques.

Cette omission et cette restriction volontaires seront bien entendu critiquées (« comment peut-on de la sorte diviser l'inconscient ? »). En fait, nous n'ignorons pas que les deux inconscients ont des liens, mais, même si des rapprochements existent nécessairement, ils ne justifient cependant pas la trop habituelle identification de l'inconscient à celui que pense nous ouvrir exclusivement la psychanalyse. Certes, avec les théories psychanalytiques (dites volontiers « psycho-dynamiques » outre-Atlantique), on se trouve maintes fois en face de données tout à la fois passionnantes, fort bien structurées, souvent énoncées avec une sorte de remarquable rationalité, avec des hypothèses de causalité en cascade dans un système excellemment cadré et que l'on voudrait tellement approfondir, tout en mesurant ses défauts (n'oublions pas que Freud a été une sorte de génie !). On pourrait, à l'infini, démonter et discuter tous les arguments qui ont été déployés pour ou contre elle. Notre décision ici est claire : laisser la discussion de cet aspect particulier de l'implicite à des spécialistes dont nous ne sommes pas. Après tout, l'inconscient analytique n'est qu'un des aspects de l'implicite. Dans l'absolu, nous ne l'ignorons pas, mais nous lui dénions le droit de représenter tout l'inconscient, ainsi qu'il est si fréquent.

Nous examinerons donc dans ce qui suit quelques facettes essentielles de l'inconscient cognitif-affectif, en insistant ici et là sur l'existence de créneaux de transition avec le conscient. Nombreux sont les domaines de notre activité mentale qui échappent à notre conscience claire. Certains sont devenus d'une parfaite familiarité en ce qu'ils sont susceptibles d'émerger à tout instant. D'autres nous échappent, et les saisir exige soit une introspection, soit un « truc psychologique », soit même une exploration par un marqueur instrumental[2].

Perception implicite et amorçage

Dès la fin du XIXe siècle, les premiers arguments en faveur d'une perception inconsciente sont acquis, grâce à une technique classique maintenant de présentation de stimulus en succession[3]. Assez vite s'ouvre une autre classe de débats qui nous concerne ici. La perception est, selon la conception positiviste qui règne alors, vue comme un processus de traitement passif ne dépendant que des facteurs externes à l'individu. Une nouvelle interprétation plus constructiviste voit alors le jour (Bruner, 1976) suggérant

---

2. Dès l'abord, cette proximité de connaissances cachées, mais au moins partiellement accessibles, pose un problème de terminologie qui a un vieux passé, celui d'introduire le terme de « subconscient ». Nous y avons renoncé compte tenu des multiples significations qui, au cours de l'histoire mouvementée et chaotique des « non-conscients » en général, ont été associées à ce terme, bien au-delà de la simple désignation qu'il pourrait avoir d'un « inconscient qui serait très proche du conscient ». C'est un peu pour éviter des étapes nuancées, parfois mal définissables, que nous avons décidé de ne pas l'utiliser.

3. Ces observations princeps sont discutées et finalement confirmées (Fisher, 1954, 1957 ; Shevrin et Luborsky, 1958 ; Johnson et Eriksen, 1961).

qu'elle pourrait être largement gérée par les attentes et les motivations du sujet percevant. Selon ce *new-look*, elle pourrait être contrôlée par des états internes du sujet percevant et, à la limite, par son inconscient, son *implicite*. C'est un changement notable. Toutefois, cette vue sur la cognition inconsciente devient très rapidement et inévitablement proche de la pensée psychanalytique, le seul inconscient qui domine alors. Ce qui ne convainc guère (Erdelyi, 1974). Il faudra que prenne de l'importance un autre inconscient, libéré de l'influence de la psychanalyse, pour que soit proposée avec Greenwald (1992) une troisième étape de la conception du rôle de l'implicite dans la perception : ce sera le dernier épisode (toujours actuel) du *new-look*.

Dérivé des premières méthodes ci-dessus, l'amorçage est devenu la méthode de détection de l'implicite vécu et de traçage de ses contours. Les protocoles subtilement ajustés aux besoins de l'expérience comportent un premier stimulus, l'amorce, en principe non perceptible, mais dont l'effet est de faciliter ou de moduler la réponse que le sujet fait à un second stimulus dit explorateur, similaire ou différent de l'amorce, mais nettement perceptible. Or sans cesse revient dans ces études plus affinées l'obsession de l'erreur expérimentale. L'enjeu est majeur, étant donné l'importance prise entre-temps par l'inconscient cognitif. Toute une série de tests doivent donc permettre de déceler si, oui ou non, le stimulus « non perçu » a réellement ce statut. En fait, l'amorçage implicite pur laisse encore des sceptiques (Cheesman et Merikle, 1984, 1986), car sans cesse revient le soupçon d'un effet direct parasitaire. Avec l'introduction d'un *seuil subjectif* de perception de l'amorce une partie du scepticisme tombe. Tout n'est certes pas résolu, et Reingold et Merikle (1988) ont prudemment prévu que la performance pourrait en réalité reposer sur des évaluations mixtes, avec une partie de l'amorce ayant une action directe (explicite) et une autre partie une action indirecte (implicite), autrement dit reposant sur des influences à la fois conscientes et inconscientes. Cela posé, on semble finalement conclure avec ces diverses précautions à la réalité de l'implicite dans la perception.

<h2 style="text-align:center">Problèmes autour
de l'amorçage sémantique</h2>

Un cas particulièrement délicat a concerné les épreuves où l'amorce, toujours extrêmement brève selon la règle et non consciemment perçue, était un signe graphique (mot, non-mot, chiffre, etc.) et où la réponse réalisée plus ou moins complexe servait de référence. Car la question posée cette fois était de déterminer dans quelle mesure la performance pouvait être influencée par les particularités de l'amorce. Était-il possible que les sujets puissent inconsciemment distinguer deux signes sémantiques ou un mot d'un non-mot, etc. ? On était là dans une évaluation de la capacité ou non de lecture inconsciente, avec des expériences subtiles et bien menées, reprises et discutées par plusieurs groupes (Dehaene *et al.*, 1998 ; Kunde *et al.*, 2003). En montrant par exemple que, dans un programme pour sujet japonais [amorce brève-mot test plus long], les mots pouvaient indifféremment se succéder dans l'une ou l'autre de leurs deux langues, en kana ou en kanji, et seraient toujours compris, il a été ainsi suggéré qu'un processus lexical, et non seulement acoustique, se mettait en place à un stade précoce et inconscient de la perception du langage. Cela est en faveur d'une possibilité de traitement sémantique des amorces, confirmant cette perspective nouvelle sur le caractère des opérations réalisables dans l'espace inconscient. La discussion n'en subsiste pas moins parfois : quelle stratégie dans l'amorçage, traitement sémantique ou simple reconnaissance plus automatique de signes mémorisés précédemment ?

Des fonctions implicites suivies
par marqueurs

À ce stade, il n'est pas inintéressant de se tourner vers des explorations réalisées par marqueurs électrophysiologiques (potentiels évoqués) ou imagiers. Ils ont permis d'explorer, à propos de l'attention, de la perception ou de la mémoire immédiate, les jeux complexes entre conscient et inconscient. Soit d'abord des sujets soumis à des tests de reconnaissance visuelle de figures photographiques (Thorpe *et al.*, 1996 ; Fabre-Thorpe *et al.*, 2001). Des images jamais vues auparavant leur sont présentées très brièvement (20 ms). Ils doivent décider si la photo représente ou non un animal. Le programme est de type *go/no go*, le sujet devant répondre par appui en cas d'image animale et ne pas appuyer en cas d'objet autre. Le résultat à retenir, car il est important, est que, selon que le stimulus est *go* (animal) ou *no go* (objet autre), le potentiel évoqué visuel suscité par l'image au niveau du scalp montre une différence d'allure dès les premières 150 millisecondes après le stimulus, avec une composante (négative) initiale seulement présente après le début du stimulus *no go*. Cela signifie en clair que le sujet effectue une opération de prise en compte visuelle en un temps beaucoup plus court qu'on ne le pensait, alors qu'il ne répondrait manuellement par appui que plus tard, vers 400 millisecondes. Le mécanisme de cette « catégorisation visuelle ultrarapide » reste dès lors mal expliqué. Peut-être s'agit-il d'une perception très rapide implicite[4] qui précéderait la mécanique cérébrale traditionnelle, plus lente et bien explorée depuis longtemps, de perception explicite gérant une réponse. L'hypo-

____

4. Terme volontiers préféré, par précaution sans doute, pour désigner un processus inconscient.

thèse est à retenir. Autre étude maintenant, où l'attention, cette fois, est en jeu, pour mieux évaluer le temps minimal de perception consciente en nous situant à la limite conscient/inconscient. Des stimulus visuels identiques présentés sont tantôt totalement perçus, tantôt pas du tout détectés, situation optimale pour distinguer traitement conscient et inconscient (Sergent *et al.*, 2005) – autrement dit, des signes de la dynamique d'accès à la conscience. Les réponses évoquées recueillies comportent deux composantes très précoces (dites P1 et N1), et ce dans tous les cas, ce qui signifie que ces événements ne correspondent pas à la prise de conscience du stimulus. En revanche, tout est différent pour une composante plus tardive (pic autour de 270 ms) qui n'a été présente qu'après des stimulus consciemment perçus. Les chercheurs voient cette composante comme le signe d'une activité plus tardive qui s'étendrait pour atteindre les réseaux corticaux lexiques de mots sous-liminaires.

Troisième exploration : celle d'un amorçage par présentation d'une première figure (un chiffre entre 1 et 9) trop brève (quelques dizaines de ms) pour être consciemment perçue, suivie de celle d'une cible, également un chiffre de 1 à 9, mais cette fois bien visible. Le sujet doit appuyer sur une clef si le chiffre cible est > 5 et sur une autre clef si la cible est < 5. Or, bien que l'amorce n'ait pas été perçue, on a observé que le temps de réponse était plus court si l'amorce était de la même classe que la cible (toutes deux > 5, par exemple) que quand elles étaient différentes. Les chercheurs en ont conclu que, selon que les deux items, l'amorce et la cible, étaient congruents ou non, le sujet, bien que n'ayant pas consciemment perçu l'amorce, était inconsciemment « mieux préparé à répondre » en cas de congruence. Nous avons donc ici un cas de perception inconsciente clairement datable d'une image. Or les équipes utilisant divers marqueurs ont pu démontrer que l'amorce non consciemment perçue, mais efficace par son action inconsciente, avait en réalité activé l'aire motrice, celle dont aurait pu naître un mouvement d'appui si l'amorce avait été consciemment perçue (Naccache *et al.*, 2005 ; Naccache, 2005). Une analyse en IRMf a confirmé cette activation du cortex moteur par le stimulus inconscient. Ces activations n'ont peut-être pas l'ampleur de celles du cortex moteur lors de la commande du mouvement de réponse à la cible ; il n'empêche que nous sommes là devant un premier indice d'une corrélation étroite entre un événement inconscient et une réaction cérébrale physiquement repérable et même évaluable.

Voici une autre étude, appuyée sur l'examen de sujets porteurs de lésions de leur aire visuelle. Tantôt ceux-ci présentent une vision résiduelle dans leur zone aveugle, une impression d'avoir vu « que quelque chose s'est passé », tantôt ils répondent comme s'ils avaient vu, mais n'avaient rien perçu (situation de vision aveugle). Ces malades sont intéressants, car, selon les paramètres du stimulus (dimension, forme, vitesse de déplacement, éventuellement couleur), ils peuvent effectuer une tâche, soit après avoir vu consciemment le stimulus, soit après n'en avoir eu aucune perception consciente. Il est donc possible d'analyser les deux situations par IRMf. Le résultat est frappant : en mode conscient, ce sont les aires néocorticales préstriée et préfrontale dorsale (aire 46) qui se sont révélées activées ; en mode inconscient, ce sont d'autres structures, à savoir le colliculus supérieur, mais aussi les zones préfrontales basales et médianes (Fuster, 1997). Ce basculement d'un ensemble de structures vers d'autres constitue un résultat remarquable et nouveau, qui illustre l'étendue que peut avoir la sollicitation cérébrale sans répercussion consciente. Elle n'est pas simplement une copie atténuée de celle qui mobilise la conscience, mais en diffère qualitativement. Ces cas cliniques de vision aveugle seront repris ailleurs à propos de certains mécanismes impliqués dans la prise de conscience (voir annexe).

Dernier exemple enfin d'exploration de l'inconscient cognitif, centré, cette fois, sur un phénomène perceptif dit d'« ignorance attentionnelle momentanée » ou d'« inattention d'un instant » (*attentional blink*). En fait, il s'agit d'une forme de masquage proactif : on présente à un sujet deux cibles successives, aux temps t_1, puis $t_2 = t_1 + \Delta t$, avec $\Delta t = 100$ à 500 ms. Le sujet déclare alors ne pas pouvoir percevoir la seconde cible, comme si son attention avait été occultée pendant cette brève période. Pourtant, la présentation de la seconde cible suscite un potentiel évoqué sur le scalp du sujet. Bien que non perçue, la cible a donc été traitée visuellement et sémantiquement, comme en témoigne la présence de certaines composantes, dites P_{100}, N_{100} et N_{400}, connues comme étant liées au traitement de l'information ascendante périphérie → cortex. En revanche est absente de ce même potentiel évoqué une autre composante, également tardive et dite P_{300}. Selon l'hypothèse des chercheurs, c'est cette dernière composante qui, seule, signerait un accès global à la conscience.

Cognition et émotion dans les messages sous-liminaires : effets sociaux

Posons-nous une autre question, bien différente : quel rôle pour une information non consciemment saisie, dans le vécu socioculturel ? Quelle importance donner à un message trop faible et trop bref pour être plus que marginalement perçu, mais qui pourrait bien agir sur ceux qui le captent inconsciemment ? Otto Poetzl avait autour de 1900 constaté l'effet, sur les rêves d'un sujet, d'images qui lui avaient été présentées très brièvement auparavant. Dans les années 1970, des études pionnières d'amorçage sous-liminaire

ont donné corps à une idée, qui était déjà dans l'air : pourquoi ne pas utiliser le sous-liminaire dans la publicité[5] –
question qui est devenue aujourd'hui : sommes-nous
actuellement menacés par le sous-liminaire ? Ni les scientifiques, ni les professionnels du marketing, ni les gens
de loi ne sont parvenus à une conclusion définitive. De
nombreuses discussions sur l'efficacité du message sous-
liminaire, en particulier télévisuel, et des opinions
variables, on retiendra volontiers pour l'essentiel (Strahan
et al., 2002) qu'une persuasion dans l'absolu (oui ou non)
ne peut probablement pas exister. En revanche, le message sous-liminaire pourrait bien activer et faciliter
l'action d'une information supraliminaire à laquelle le
sujet serait déjà sensible. Autrement dit, on ne retiendrait
un message sous-liminaire sur une boisson que si on a
soif – ce qui, finalement, témoigne du rôle fondamental
de la motivation dans l'efficacité et l'acceptation du message caché.

Greenwald et son équipe (2000) se sont, de leur côté,
intéressés au comportement social : s'il est pour l'essentiel
sous contrôle conscient (opinion banale), la réalité est sans
nul doute plus complexe. Le comportement d'un sujet opère
bien souvent sous un contrôle implicite de ses jugements
et attitudes, à l'insu même de l'analyse qu'il pourrait introspectivement et consciemment en faire. Cette attitude est
probablement universelle. Toutefois, les exemples donnés
par la littérature scientifique concernent l'histoire des États-
Unis. Ils décèlent certaines attitudes implicites comme des
traces du passé, non identifiées introspectivement, et qui
créent des sentiments, des idées, des actes favorables ou
défavorables à la société. Il aura fallu un test dit d'association implicite pour déceler la force des associations automatiques, qui peut, à l'occasion, servir à examiner le comportement et démasquer des opinions ou des tendances

---

implicites que le sujet désavoue en conscience, mais qui sont liées à une procédure d'évaluation automatique, en deçà de sa conscience[6].

La mémoire implicite

C'est vers 1970 qu'a été approfondie (Daniel Schacter et Larry Squire) la différence entre deux types essentiels et devenus classiques de mémoires à long terme : d'une part, la mémoire épisodique/déclarative, qui est celle de l'autobiographie du sujet, des événements, des faits, de l'histoire dont il a le souvenir clair ainsi que des objets et personnages de son entourage qu'il reconnaît ; d'autre part, et en opposition, la mémoire procédurale, qui est celle des habitudes, des automatismes et des aptitudes motrices, ainsi que des innombrables conditionnements dont on ne cesse d'être l'objet. Et c'est là que cette analyse rejoint notre problématique, en ce sens que l'épisodique et le déclaratif appartiendraient au domaine explicite de la conscience claire, tandis que le procédural serait du domaine inconscient, implicite. La première est sujette aux amnésies, tandis que la seconde est beaucoup plus résistante. Tout se complique cependant du fait que d'autres mémoires sont également robustes aux amnésies et, à ce titre, associées au domaine implicite. Il s'agit en particulier de la mémoire sémantique, ensemble culturel complexe du langage avec la syntaxe, la sémantique, la parole, la lecture et l'écriture.

---

6. L'exemple qu'ont choisi ces chercheurs américains était celui d'un certain racisme qui, officiellement, n'existe plus aux États-Unis, mais qu'une épreuve de type IAT (test d'association implicite) a, semble-t-il, permis de démasquer : celui des Coréens (Américains) qui jugent des Japonais (Américains). Officiellement, bien entendu, ils s'aiment et s'entendent, mais l'IAT semble avoir révélé un reste implicite de méfiance. D'autres exemples concernent le racisme anti-Noir ou anti-Amérindien.

On a pu imaginer des stratégies différentes de traitement pour l'implicite et l'explicite. La mémoire implicite serait plus sensible à des changements survenant entre l'encodage et le rappel, alors que la mémoire explicite serait à cet égard plus flexible, pouvant être utilisée très différemment dans l'encodage et le rappel. Par exemple, chez un patient amnésique, un apprentissage d'une certaine tâche sur ordinateur s'est révélé difficile, mais, une fois apprise, celle-ci était rigidifiée, hyperspécifique : elle n'avait plus la souplesse d'un apprentissage normal qui accepte aisément les transferts.

LA MÉMOIRE ET LE TEMPS QUI PASSE : CONSCIENT OU IMPLICITE ?

L'analyse clinique a mis en évidence un aspect peu connu, à savoir les confabulations auxquelles se livrent certains amnésiques qui inventent des récits suscités ou spontanés. Ces patients semblent pour une partie au moins avoir perdu le sens du présent ou de la récence. Déjà Ribot (en fin du XIXe siècle) avait insisté sur le fait qu'un souvenir peut soit être lié à l'écoulement de notre vie personnelle, soit au contraire figurer dans une sorte de registre de faits mémorisés, mais non localisés dans le temps. Notre cerveau serait, en somme, capable de trier parmi nos mémoires activées celles qui ont un rapport avec la réalité présente (sens intuitif du présent) et celles qui deviendront un souvenir, si certains événements autobiographiques restent épisodiques (liés au temps) ou deviennent sémantiques (classés historiques sans date). La première opération ressortirait du domaine explicite, alors que la seconde relèverait du domaine implicite inconscient.

Des discussions ont cependant surgi à propos de cette dichotomie fonctionnelle. Ainsi, ce qui apparaît comme implicite ne serait-il pas simplement moins demandeur de ressources, sans pour autant dépendre d'un « module » implicite particulier ? Autre critique : rien ne justifie de grouper les éléments de l'implicite en une seule catégorie fonctionnelle, un seul label, plutôt que dans une série de tâches de mémoire (Willingham et Preuss, 1995). Il s'agit en effet d'un ensemble d'opérations différentes, de l'apprentissage perceptuel au conditionnement classique. Ces tâches ont-elles, ou non, une communauté de caractères ? Il semblerait que la mémoire implicite soit desservie par trop de structures différentes. Peut-être existe-t-il un traitement commun à travers l'ensemble de la mémoire implicite. Il reste à le trouver.

MÉMOIRE IMPLICITE : DE LA VIE COURANTE À LA PATHOLOGIE

Sans doute l'inconscient dans la mémoire représente-t-il bien davantage que dans la perception ou l'attention : à côté du versant cognitif pur coexiste de toute évidence un versant affectivo-émotionnel considérable qui risque à la limite de relever de l'analyse freudienne. Certes, nous avons souhaité ne pas traiter de la psychanalyse, mais il est clair que les mémoires sont un des champs où s'intriquent étroitement dans leur profondeur les deux classes d'inconscient. Sans aller jusqu'à remettre toute interprétation des oublis entre les mains des psychanalystes, ce qui serait redoutable, il me semble que la prise en compte de l'action causale d'un inconscient autre que celui de la cognition et de l'affectivité, celui que la psychanalyse prétend gérer, ne peut être ignoré à ce stade précis. Que de fois le danger nous guette de longer ainsi les frontières de l'analyse et de faire la chasse au refoulement ! Toutefois, la difficulté est grande, car nous sommes à la limite d'un inconscient « tolérable » et d'un autre extrêmement puissant qui appelle l'analyste au secours.

Il y a d'abord les oublis superficiels, que l'on qualifie volontiers d'« actifs », ce qui suppose qu'on y voie la conséquence d'une action psychique de barrage. Pourquoi entend-on si souvent : « je l'ai au bout de la langue » (*tip of tongue*, ou TOT) ou bien : « j'ai l'impression de le savoir » (*feeling of knowing*, ou FOK) ? Pourquoi y a-t-il si souvent des « actes manqués » ? Ces phénomènes de la vie presque courante sont très difficiles à saisir dans leur causalité, sauf à y voir le jeu d'un certain inconscient[7].

Ensuite, on touche à la pathologie. À côté de la pathologie organique lourde des amnésies, rappelons qu'existe toute une nébuleuse d'amnésies « non organiques », dites psychogènes (hystériques, posthypnotiques, etc.). Il est impossible de les ignorer, alors qu'on y rencontre souvent des enchevêtrements de conscient et d'inconscient. Ainsi note-t-on des sujets qui ont des difficultés à enregistrer intentionnellement de nouvelles informations, alors que leur mémoire implicite semble préservée. Ailleurs enfin, il s'agira de cas sévères, liés à des conflits ou à des « stress », que l'on aura enfouis dans un inconscient dont ils ne se dégageront que difficilement. Il est certain que la mémoire est une des fonctions les plus affectées dans ce qu'après Janet il est convenu d'appeler « hystérie », cet état de dépendance plus ou moins totale de l'individu, dont la personnalité est profondément perturbée et qui en oublie son moi.

Inconscient cognitif et intuition

> « *Mon pauvre chéri. Tu flaires que pour l'heure j'écris sur des choses humaines qui ne te concernent pas. "L'inconscient, connais pas" semble traduire ton message un peu*

---

7. Inconscient où Freud a pensé voir une partie de son domaine, avec *Psychopathologie de la vie quotidienne* (1904) ainsi que *Le Mot d'esprit et sa relation à l'inconscient* (1905).

> *désabusé. Mais qui sait si tu n'as pas, toi aussi, des souvenirs ou des perceptions implicites ? Que n'avons-nous encore l'âge d'expérimenter ? Peut-être aurions-nous cherché... »*

Un des autres champs d'action d'un inconscient essentiellement cognitif est l'intuition dans la recherche scientifique. Un domaine où le jeu de l'intuition a été particulièrement perçu est celui des mathématiques. À la fin du XIXe siècle, c'est Henri Poincaré, puis plus tard Jacques Hadamard (1993), puis le mathématicien néerlandais Jan Brouwer (1981) et, plus récemment encore, le philosophe Jean Largeault qui ont développé des arguments en faveur de ce qu'il faut bien désigner, pour faire court, une théorie intuitionniste des mathématiques. Comme le dit Largeault (1997), l'intuition est une connaissance immédiate, avec aucune interposition de raisonnements ou d'éléments symboliques entre sujet et objet. Elle est discontinue, instantanée et globale, jaillissant comme une seule entité. Brouwer, lui, a introduit l'intuition primordiale comme un événement mental fondamental. Elle est absolue, ne laissant qu'une source de connaissance. Pensons à Kant pour qui « les concepts sans intuition sont vides et les intuitions sans concepts sont aveugles ».

Toutefois, l'intuition est généralement vue aujourd'hui comme imprécise et subjective. Peu nombreux sont en effet les philosophes contemporains, tels Kurt Gödel, Roger Penrose et René Thom, qui lui reconnaissent une valeur d'outil de connaissance. Cela contraste avec la démarche antithétique, représentée par David Hilbert qui, avec son constructivisme, favorise la démarche formaliste, éliminant toute intuition, dans la ligne d'un certain antipsychologisme repoussant l'esprit imaginatif et créateur. Il est clair sans doute que d'autres domaines ont vu de grandes découvertes liées à des intuitions immédiates, par exemple en astronomie et dans bien d'autres disciplines. Malheureusement, ces épisodes d'intuition ont le plus souvent échappé à la description et, *a fortiori*, à la discussion. Force est de se fonder sur quelques rares rapports subjectifs et d'éventuelles données expérimentales.

Or une des hypothèses qui a vite dominé est que ces intuitions naissaient d'opérations inconscientes. Telles sont en tout cas les informations venues de l'introspection du sujet dans son action, pour nous dire la soudaineté d'apparition de la solution finale et éliminer les états intermédiaires entre la position du problème et sa solution. Notre inconscient serait de la sorte capable de schématiser situations ou comportements en se limitant à balayer le plus superficiel de l'expérience, en bondissant immédiatement sur la conclusion et en prenant la décision instantanément. Helmholtz avait déjà au XIXe siècle introduit l'hypothèse d'une « période de repos » pendant laquelle l'étude semble totalement interrompue. Cette période précéderait celle de l'« illumination » et représenterait un moment d'« incubation » (Christensen, 2000). À propos de ce processus créatif, Wallas[8] en a décrit quatre étapes : la préparation (travail initial) suivie de l'incubation, elle-même suivie de l'étape d'illumination (*insight*) et, finalement, celle de vérification. Ce serait, d'après lui, l'inconscient actif qui prendrait place pendant l'incubation. En somme, l'illumination exigerait cet arrêt préalable, cette mise de côté du problème pour faciliter la solution.

Cette vue hypothétique n'a pas convaincu tous les psychologues et théoriciens pour qui la nécessité de l'incubation (arrêt momentané de la recherche de la solution pour la faciliter ensuite) est discutable. Ne fallait-il pas davantage la voir comme un épisode au cours duquel le chercheur reçoit des informations facilitantes, incidentes et non cherchées ? Ce qui, bien sûr, effacerait le pur rôle de l'inconscient. D'où des expériences où le travail créatif avec un arrêt imposé (pour incubation supposée) est systématiquement

---

8. C'est Wallas (1926), puis R. S. Woodworth et H. Schlosberg (1954) qui ont popularisé cette dernière notion.

comparé au même travail sans cet arrêt, ce qui peut conduire au calcul d'un score de résolution du problème (Seabrook et Dienes, 2003). Après des études d'Olton (1979), de Dodds *et al.* (2004) et de Yaniv et Meyer (1987), la question – inconscient ou non ? – reste posée.

Bien plus intéressants sans doute sont les récits de ceux qui eux-mêmes, d'une manière ou d'une autre, ont vécu ou côtoyé de près des épisodes d'incubation-illumination. Dans son ouvrage de 1943, *Psychology of Invention in Mathematics*, Jacques Hadamard examine soigneusement ce qu'il a lu ou entendu de confrères mathématiciens (en particulier, Henri Poincaré), jugeant (en toute subjectivité, bien sûr) les processus mentaux de leurs découvertes. Il insiste fortement sur le rôle de l'inconscient pour gagner à la conscience « une découverte mathématique qui ne serait jamais arrivée comme simple conséquence d'une chaîne de raisonnements conscients », ce que pensait d'ailleurs Poincaré[9]. Les vues de Hadamard sur l'inconscient sont intéressantes, d'autant plus qu'elles n'émanent pas d'un « psycho-neuro ». À ses yeux, il serait fait de plusieurs niveaux, certains accessibles à l'introspection et d'autres plus profonds et non accessibles. Traitant de Henri Poincaré, Édouard Toulouse (1910) a décrit de son côté les multiples aspects de sa personnalité, en particulier sa psychologie. Il rapporte ce que dit Poincaré de lui-même, décrivant ses soudaines illuminations comme indices d'un long travail préliminaire inconscient. Lui aussi dit combien le fait d'interrompre pendant 30 à 60 minutes son travail l'éclaire ensuite. Pour Poincaré comme pour Toulouse, cet arrêt n'est pas un repos : il est rempli d'un travail inconscient qui s'exprimera consciemment après (« activité spontanée intuitive et inconsciente »). Suivra,

---

9. Que ces illuminations soudaines ne puissent pas être le fruit du seul hasard est évident ; la nécessaire implication de certains processus mentaux inconnus de l'inventeur, en clair inconscients, ne peut être mise en doute (d'après Hadamard, 1993).

bien sûr, une analyse rationnelle consciente souvent déduc-
tive, pour confirmation et mise en œuvre rationnelle. Avec
Michel Bourdeau (1999), on conclurait que l'intuition a
gagné contre la pensée symbolique mathématique. L'intuition implicite peut parfois être très discrète et non reconnue
comme telle ; elle peut aussi être ressentie comme un saut
soudain dans la conscience claire. Souvent, l'impression
subjective est celle d'un processus tacite (James, 1904). Dans
sa description, Poincaré parle aussi d'un filtrage éliminant
des notions inutiles et inadéquates – ce qui rappelle le
« darwinisme mental » de Changeux et Connes (1992).

Un autre exemple est l'autorécit de Laurent Schwartz
(1987, 1997) de sa découverte de la théorie mathématique
des distributions en 1944 à Paris. On retiendra aussi les
remarques d'Alain Connes[10] : que se passe-t-il pendant ce
qu'il appelle la rumination ? Comment définir une intention
en mathématiques ? Cela suppose d'évaluer le but final et
de sélectionner les résultats qui optimisent la fonction d'évaluation. « Quand survient l'illumination, note Connes, un
agréable brouillard se dissipe et la conscience atteint un
monde soudainement familier. »

Autre question à poser et peu discutée jusqu'ici,
semble-t-il : dans quelle mesure l'inconscient intuitif
implique-t-il la mémoire implicite (non déclarative) ? De
quelle partie de cette mémoire ce matériel intuitif pourrait-
il soudain émerger ? Dans la classique distinction que font
Larry Squire et bien d'autres entre divers types de mémoires
explicites et implicites (Squire et Knowlton, 1994), il n'est
pas évident qu'une place ait été prévue jusqu'ici pour cette

---

10. L'esprit ou la pensée peuvent être occupés par un problème pendant que le cerveau fonctionne inconsciemment. Quelle est la stratégie
du mathématicien pendant qu'il est dans une phase d'intuition ? Très vraisemblablement, notre esprit ne fonctionne pas comme un ordinateur qui
essaierait toutes les combinaisons possibles pour atteindre la solution
(comme au jeu d'échecs). Résoudre un problème mathématique ne nécessite certainement pas une succession d'essais aléatoires.

forme particulière de processus mental, qui viendrait de l'inconscient, apportant avec lui du matériel mémorisé. Le caractère créatif de l'intuition pourrait bien échapper à cette façon d'emprunt. Toutefois, ne pourrait-on tout de même pas évoquer la « mémoire d'amorçage » (*priming implicit memory*) ? La discussion pourrait se poursuivre en retournant à Bergson (1965) qui voyait l'intuition comme proche de la mémoire. « Oui mais », faut-il dire, car son intuition était attachée à la durée, et non pas à l'instantanéité quasi atemporelle qui nous concerne ici.

Parlons un instant des vues clairement opposées à l'intuition. Il y a eu d'abord Paul Souriau qui note dans sa *Théorie de l'invention* (1881) que la soudaineté n'est due qu'au hasard. Quant à Charles Nicolle, il donne l'impression de ne pas croire à l'intuition, mais dans *Biologie de l'invention* (1932), il souligne tout de même « des apparences soudaines, comme des sortes de rêves d'idées nouvelles ». Il n'utilise simplement pas les termes d'intuition et d'inconscient !

Finalement, il est un autre aspect de l'invention, de l'incubation et de l'illumination que Poincaré (1993) met en avant dans ses écrits en parlant de « sensibilité » dans le sens d'affectivité : « Les phénomènes inconscients qui ont le plus de probabilité de gagner notre conscience sont ceux qui touchent le plus notre sensibilité », écrit-il ainsi. Aussi donne-t-il un sens d'harmonie et de beauté aux rigoureuses et sévères mathématiques. Dans la même ligne, Hadamard mentionne la « beauté des hypothèses ». Intuition et inconscient pourraient donc avoir un versant émotif (1995). Peut-être le poète Paul Valéry a-t-il eu un rôle dans cette façon de voir. Et citons ces propos d'Albert Einstein à Max Wertheimer, le psychologue de la *Gestalt* : « Je pense rarement en mots. Je les survole en quelque sorte visuellement » (Holton, 1996). Il fait part également de sa foi en l'égalité entre l'intellect et l'émotion.

Conscient et inconscient
dans l'action

Tournons-nous cette fois vers des aspects qui, d'une manière ou d'une autre, impliquent le sujet programmant ou réalisant une action motrice. Assez curieusement, on aurait pu imaginer qu'un acte volontaire, autodécidé ou autogéré, sans commande extérieure directe, serait par essence un phénomène totalement conscient. Or tel ne semble pas être le cas. Certes, la distinction entre l'acte involontaire et le volontaire, entre le mouvement automatique et celui qui, au contraire, est géré et contrôlé par le sujet conscient reste une évidence au plan de notre vécu subjectif.

Nous savons tous, plus ou moins finement peut-être, mais sans trop de différences fondamentales, vivre cette subjectivité que représente la décision d'une action motrice future dont nous avons la commande et vivre ainsi le projet du mouvement. Cette opération cérébrale est sous-tendue, on le sait maintenant, par une image mentale consciente des étapes de la manœuvre à réaliser, du moins telle que nous pouvons les anticiper compte tenu des informations disponibles. Mais, alors que l'on aurait pu imaginer cette programmation motrice comme étroitement et strictement suivie par la conscience, une série d'observations dues à Libet (2005) ont changé la mise, en reconnaissant, par l'exploration électrophysiologique cérébrale, une succession très complexe d'étapes précédant l'exécution d'un mouvement, que l'on peut brièvement résumer ainsi : supposant qu'il s'agisse d'un geste, de la main et du bras, la prise de décision initiale de ce mouvement par le sujet est un instant dont on a constaté qu'il n'a pas conscience. Cela se passe environ 500 ms (une demi-seconde) *avant* le début du geste, instant où commence à se développer une onde de potentiel cortical qui croîtra lentement jusqu'à ce début d'exécution.

Néanmoins, et la constatation est essentielle, c'est *seulement* à 100 ms avant le mouvement que le sujet prend conscience qu'il s'apprête à effectuer ou, plus exactement, dit Libet, qu'il « veut exécuter[11] » le mouvement. Inutile de préciser que les conclusions de Libet ont été amplement critiquées et que plus d'un théoricien a combattu cette idée d'introduire l'implicite dans le début de la décision d'un mouvement volontaire (« mais où est alors le libre arbitre ? »).

Abandonnons à présent le domaine de la décision pour une échelle plus large, celle de l'organisation du mouvement, là où l'action fait suite à la perception. Les modèles en sont les activités visuomotrices, en général de préhension, vers un point précis et désigné de l'espace environnant. Là aussi, mais d'autre manière, pourrait survenir l'inconscient. L'histoire débute par des études sur le système visuel cortical du singe et l'on en connaît les résultats déjà rappelés : de l'aire visuelle V1, les messages sont acheminés par deux classes de connexions horizontales vers deux sites corticaux différents : la voie « dorsale » vers le cortex pariétal et la voie « ventrale » vers la région temporale inférieure (IT). L'hypothèse s'est surtout traduite en termes fonctionnels, avec d'ailleurs quelques débats autour des missions de chacune de ces deux voies. Initialement, il a été suggéré que les influx temporaux seraient voués à la reconnaissance de l'objet, donc à des opérations perceptives, tandis que les influx pariétaux auraient un rôle dans la vision spatiale. Très rapidement, ces investigations ont été étendues à l'homme, bien sûr avec des méthodes d'analyse adéquates. Comme il existait déjà d'abondantes données cliniques sur les patients

---

11. Inutile de préciser que ces constatations et ces spéculations ont suscité d'assez sévères contestations. Nous ne les ignorons pas, mais leur exposé et leur discussion m'ont semblé fastidieux. Pour l'essentiel, on peut regretter que Libet, redoutable et talentueux polémiste, ne soit plus des nôtres pour réagir aux diverses objections qui sont encore faites à ses hypothèses, d'autant que sa ligne de pensée et de spéculer ne semble pas, pour l'heure, avoir tellement fait souche.

cérébro-lésés, il a suffi de les revoir et de les intégrer dans le nouveau cadre fonctionnel, ce qui n'a pas été trop difficile. Puis il y a eu l'imagerie, en particulier l'IRMf, qui est venue largement confirmer le schéma. Miller et Goodale (1995) l'ont cependant modifié et c'est ici qu'apparaît l'action : ils ont confirmé que la voie ventrale était bien celle de l'identification des objets, mais ils ont donné à la voie dorsale un autre rôle essentiel, cette fois dans le contrôle des opérations visuomotrices, opposant de la sorte, dans une formule lapidaire, la voie ventrale pour la perception et la voie dorsale pour l'action. Et c'est là que très curieusement s'est en quelque sorte infiltré l'inconscient. Car, pour Miller et Goodale (1995), s'appuyant sur l'observation de patients cérébro-lésés, les commandes visuomotrices par la voie dorsale seraient automatiques et inconscientes alors qu'en revanche la voie ventrale serait celle de la cognition consciente. Comme certains de leurs malades cérébro-lésés avaient su pointer correctement sur une cible dans un espace qu'ils étaient en revanche incapables de reconnaître, ces deux chercheurs ont alors proposé l'idée que la voie visuelle dorsale constituerait un système « en ligne » (*on-line system*) qui court-circuite la conscience et dont la fonction est de gérer des comportements visuomoteurs quasi automatiques – mouvements des yeux et des bras-mains, mouvements d'atteinte, de saisie, d'ajustements posturaux, etc. –, mouvements tous rapides et se déroulant à la façon d'un « réflexe », dans des coordonnées essentiellement égocentriques.

Cette position extrême a été discutée par certains, dont Fourneret (Fourneret *et al.*, 2002) et Jeannerod (2009) pour qui la dichotomie proposée est une simplification peu vraisemblable. Nous partageons volontiers son avis lorsqu'il critique la dissociation qui est ainsi faite entre la perception et l'action, lorsqu'il met en avant que la transformation des messages dorsaux en ordres de mouvement est une opération beaucoup plus complexe qu'un simple automatisme et qu'inversement il existe aussi des perceptions qui sont infra-conscientes (voir chapitre 4). Certes, Miller et Goodale se fondent sur des observations cliniques, et il est vrai que des lésions ventrales altèrent la perception et non l'action visuo-motrice – tel malade ne reconnaît pas l'objet mais peut parfaitement l'atteindre et le saisir –, mais il ne semble pas exact, contrairement à ce qu'ils avancent, que des lésions dorsales altèrent l'action sans affecter la perception : des cérébro-lésés dorsaux ont également des déficits qui touchent à la sphère perceptive, en particulier dans les relations spatiales entre objets, ce qu'a très bien étudié Elisabeth Warrington (1986). Or cela n'est pas prévu par le schéma simplificateur. D'une manière générale, le modèle proposé ne rend pas compte des multiples fonctions des régions pariétales. Des études plus récentes en imagerie TEP (Faillenot *et al.*, 1997) ont effectivement montré qu'une analyse purement perceptuelle, n'exigeant aucune action, active non seulement des zones temporales, mais certains sites pariétaux censés n'être concernés que par l'action. Toutes ces données condamnent l'hypothèse réductrice qui voudrait que la perception seule soit un processus *top-down* conscient, tandis que l'action serait un système *bottom-up* gouverné par l'inconscient. D'autant qu'à l'inverse on a montré que certaines commandes issues de la région temporale supposée gouverner la perception consciente et, le cas échéant, dirigées vers le cortex moteur peuvent en réalité être sous-liminaires et inconscientes (Dehaene, 1999).

Ce qui précède incite donc à la discussion de certains aspects de l'inconscient. Les désordres neuropsychologiques comportent dans bon nombre de cas un découplage entre les traitements implicites inconscients, lesquels sont préservés, et les traitements explicites, devenus déficitaires ou disparus. Cette coupure entre explicite et implicite, présence ou absence de prise en conscience, pose un problème essentiel, bien au-delà de l'une ou l'autre pathologie, car il s'adresse à la structure de tout le système cognitif. Pour faire bref, deux possibilités s'offrent : ou bien les modes implicites et explicites de traitement cognitif appartiennent à deux classes d'opérateurs – appelons-les « systèmes encapsulés » –, qui sont et demeurent qualitativement distincts, ou bien l'implicite cognitif, apparemment intact, associé à l'explicite déficitaire, constitue en réalité la forme dégradée d'un système cognitif global, avec une sorte de continuum fonctionnel entre l'implicite et l'explicite, les opérations cognitivement les plus exigeantes disparaissant les premières. Le problème est posé ; il serait intéressant qu'il soit résolu.

Émotions :
du conscient à l'inconscient

Avec l'émotion, nous pénétrons réellement dans un domaine où règnent les deux espaces et où trancher entre le conscient et l'implicite n'est pas simple. Chacun sait la complexité de l'émotion, ce qui écourtera certains rappels banals. On connaît ses trois groupes de composantes :

– *Des manifestations végétatives* à commandes ortho-sympathiques – ou parasympathiques – et leurs médiateurs neurochimiques (salivation, piloérection, lacrymation éventuelle, réaction pupillaire, réaction cardiaque, vasculaire, respiratoire, intestinale, miction, etc.).

– *Des activités somatiques faciales, vocalisatrices et gestuelles*, en général significatives, soit sans objectif visible vers l'autre, soit orientées vers un comportement social – approche, attaque, défense, fuite ou immobilisation chez l'animal ; éventuellement gestuel et surtout verbal et infiniment plus complexe chez l'homme.

– *Des expériences subjectives*, chez l'homme du moins : joie, peine, douleur, peur, angoisse, etc.

Au terme de cette énumération se pose un problème déjà ancien : quel ordre pour ces activités, quel sens de la causalité ? À cet égard, deux théories bien connues ont successivement prévalu. Pour James et Lange, à la fin du XIXe siècle, la réaction végétative est d'abord déterminée par les informations (événement ou pensée) déclenchantes, et le vécu subjectif émotionnel est une conséquence de cette mise en jeu des organes et effecteurs. Selon une autre hypothèse qui est maintenant adoptée quasi universellement, les réactions viscérales, somatiques et comportementales, ainsi que le vécu émotionnel subjectif sont, au contraire, devant l'événement déclenchant, toutes dirigées et organisées par des systèmes cérébraux appropriés – cerveau viscéral, en particulier limbique, avec le gyrus cingulaire, l'hippocampe, l'amygdale, etc. (voir annexe).

Avec cette seconde façon de concevoir la mécanique émotionnelle, on peut comprendre une expérience émotionnelle implicite : on vit une émotion sans avoir accès à sa cause initiale, extérieure ou interne, ou, à la limite, on la vit sans qu'aucune cause ne puisse être identifiée – par exemple, une appréhension anxieuse sans objet reconnu. La cause initiale pourrait d'ailleurs être du domaine cognitif, un objet non consciemment perçu par exemple, mais qui a joué inconsciemment le déclencheur émotionnel. De manière un peu générale, plusieurs cas sont ainsi théoriquement concevables dans cette succession cognitif-émotif : événement cognitif explicite sans répercussion émotive ou suscitant au contraire une émotion explicite ; événement cognitif implicite sans suite émotive ou avec suite émotive, le cas échéant identifiable, cette fois par définition implicite ; émotion implicite sans cause cognitive repérable enfin.

Prenons, par exemple, le cas du type cognitif implicite → émotif implicite. Il s'agit de l'effet de la perception de visages présentés très brièvement et, donc, en perception en principe inconsciente. Le marqueur de la réaction émotionnelle est la réponse électrodermale, repère classique, qui consiste en la modification temporaire de l'impédance cutanée lors d'une émotion développée par le sujet. La méthode a clairement montré que des visages connus suscitent une réaction électrodermale significativement plus importante que la vision (toujours identiquement sous-liminaire) de visages inconnus. Le sujet n'ayant jamais réagi visiblement, on peut considérer la réaction végétative comme implicite. C'est une preuve, parmi d'autres, de la réalité de ces émotions implicites, suscitées par des stimulus non cognitivement identifiés.

En voici une autre preuve plus complexe, mais également significative (Naccache *et al.*, 2005). Le sujet est cette fois un patient épileptique et la scène se passe en salle d'opération neurochirurgicale. Il est placé, éveillé, en exploration stéréotaxique par électrodes cérébrales profondes, préalable à la thérapeutique chirurgicale. Une des électrodes se situe dans l'amygdale, qui est un des centres du « cerveau de l'émotion ». On lui fait lire des mots très rapides dont le sens lui est consciemment imperceptible (mots flashés, présentation subliminaire masquée). Or, dans ces conditions, une différence très notable est constatée dans l'allure de la réponse amygdalienne évoquée par le mot, selon qu'il est neutre ou qu'il a un poids émotionnel – en particulier s'il fait peur. La composante caractéristique condition-dépendante est à longue latence, ce qui indique que le trajet rétine → amygdale, bien que relativement direct, emprunte une série de relais (Abrams, Greenwald, 2000).

Évoquons enfin les émotions implicites sans nulle cause, en particulier cognitive, identifiable, avec la remarque presque de bon sens de Zajonc (2000) qui privilégie l'émotion par rapport à l'expression verbale : l'émotion ne nécessite aucun élément cognitif préalable, les préférences viennent avant les inférences et l'émotion peut exister sans explication rationnelle. Signalons que nous voilà encore une fois sur la ligne de partage avec la psychanalyse : comment donc ne pas déceler d'explication cachée à toute émotion ?

L'inconscient dans les pathologies neuropsychologiques

La pathologie neuropsychologique est riche en exemples nous permettant une bonne exploration de l'inconscient dans le domaine cognitif. Inévitablement, nous y avons déjà fait allusion à diverses reprises. En dehors du descriptif, notre souci essentiel est de cerner ici l'importance d'un implicite qui n'est pas si couramment invoqué, mais que démasquent parfois excellemment certaines classes de pathologies ou de lésions cérébrales, par les troubles mentaux cognitifs et éventuellement affectifs qu'elles créent.

LA VISION AVEUGLE

Ce syndrome, maintes fois cité et dit *blindsight* (Weiskrantz, 1986), est lié à une lésion partielle ou totale de l'aire corticale visuelle (aire 17 striée, dite V1 chez les primates, singe et homme). Cette lésion était classiquement considérée comme entraînant une cécité dans la partie correspondante du champ visuel. Interrogé sur son vécu perceptif, selon la méthode traditionnelle, le patient répondait : « Rien. » C'est en modifiant la stratégie d'examen et en imposant le choix forcé que Weiskrantz et son équipe (1974) ont constaté que certains patients se montraient capables de toute une série de performances visuelles à l'intérieur même de leur scotome. Toutefois, on a constaté (Kentridge *et al.*, 1999) que le repérage spatial de la cible et sa perception consciente ne relèvent pas de fonctions identiques. Les malades eux-mêmes, informés ensuite de leur performance, restaient souvent étonnés et sceptiques. Devant le fait que le malade savait encore traiter une information visuelle sans pour autant la prendre consciemment en compte, toute une série de questions se sont posées concernant l'implicite. Comme elles ont été largement abordées ci-dessus, nous renvoyons le lecteur à leurs discussions (voir chapitre 2).

LE TACT « AVEUGLE »

Voici à présent des pathologies qui concernent soit notre image corporelle (l'image de soi selon Lhermitte, 1937), soit notre schéma corporel (Schilder, 1935). Les deux concepts semblent voisins et n'ont pas toujours été distingués, en psychologie comme en clinique, et cette confusion a mené à des erreurs. Actuellement, on fait bien la différence (Gallagher, 1992) entre une représentation consciente de son corps et certaines performances réalisables inconsciemment sur ou par ce corps (Head et Holmes en parlaient déjà en 1912). Seraient d'importance essentielle, pour l'image, les données multisensorielles tactiles et visuelles en particulier, tandis que, pour le schéma corporel, ce seraient les informations proprioceptives et sans doute vestibulaires. La question se pose de savoir si un patient – ou même, le cas échéant, un sujet sain – est toujours capable à la fois d'identifier la nature du stimulus corporel et de le localiser sur son corps. Head et Holmes ont déjà insisté sur ce qu'ils nomment l'« atopognosie » pour caractériser le cas de patients capables d'identifier le stimulus tactile appliqué à leur corps sans pouvoir le localiser. Dans cette perspective, Paillard (1999) a décrit deux cas cliniques qui évoquent de façon différente une double dissociation entre localisation et identification dans le domaine de la sensibilité générale.

Le premier cas est celui d'une patiente qui, à la suite d'une pathologie corticale, était incapable de déceler et de localiser verbalement dans l'avant-bras et la main gauche un stimulus tactile. Elle pouvait, en revanche, désigner avec sa main insensible le point de sa main opposée intacte qui avait été stimulé ; inversement, elle pouvait désigner, de sa main normale, le point de la main malade qui avait été stimulé. Il y avait, en somme, dans ce dernier cas, localisation précise sans identification du stimulus (« toucher aveugle »). Cette femme avait conservé une connaissance inconsciente de son schéma corporel. L'autre patient[12] présentait, au contraire, une atteinte périphérique (maladie de Guillain-Barré, suivie d'une polyneuropathie) qui avait détruit les fibres myélinisées de grand diamètre, ce qui la privait de sensations tactiles, de proprioception de pression, de vibration sur une partie de son corps. En revanche, les sensibilités thermiques et douloureuse étaient conservées. Cette patiente était incapable, en absence de vision, de pointer de la main un site de son corps stimulé, mais elle pouvait le désigner verbalement ou le pointer sur un schéma de son corps (donc sur son image corporelle).

Il semble, en somme, que la perception puisse, dans la somesthésie comme dans la vision, être constituée par deux domaines. L'un régit la connaissance du corps situé dans le monde sensori-moteur ; il est, dans son dialogue avec l'espace extracorporel, fondé sur un repérage égocentré. L'autre, fait d'activités liées à la mémoire spatiale, est plus directement allocentré, basé sur la connaissance des voies et des routes. Il est tentant de penser, mais cela reste à démontrer, que ces deux fonctions correspondent à des systèmes distincts, à l'exemple du cas ci-dessus de la vision. Il serait, semble-t-il, possible que soient dissociées, d'une part, la capacité de détection tactile explicite et, d'autre part, à un niveau inconscient, la capacité de pointage automatique vers le niveau d'une stimulation tactile reçue.

---

12. Cette patiente était suivie au Canada par Y. Lamarre.

L'INCONSCIENT DANS LES AGNOSIES

On sait que l'agnosie visuelle – non-reconnaissance des objets alors que l'appareil visuel est intact – a depuis longtemps été divisée en deux classes : il y a l'agnosie aperceptive (impossibilité de former un percept de l'objet) et l'agnosie associative où l'objet est correctement perçu mais n'est pas associé à une signification (Lissauer, 1890). Goodale, Milner, Jokobson et Carey (1991) ont mis en évidence une conservation du traitement visuel implicite de l'orientation de l'objet chez une patiente souffrant d'agnosie aperceptive (patiente DF). Celle-ci était incapable d'indiquer l'orientation d'une fente verbalement ou en la dessinant. En revanche, elle pouvait introduire un carton dans la fente à peu près normalement. Dans une tâche d'estimation de la taille – par exemple, indiquer explicitement la largeur d'un objet –, cette patiente était aussi déficitaire. En revanche, elle était capable de saisir l'objet, et son geste d'ouverture de la main était parfaitement adapté. On avait donc une double dissociation entre explicite et implicite. D'une manière générale, la question clé à propos des agnosies, tout spécialement visuelles, est de savoir si la non-reconnaissance d'une forme est un déficit de perception ou d'attention, ou encore de mémoire.

L'INCONSCIENT DANS LES HÉMINÉGLIGENCES

Autre ensemble de pathologies neuropsychologiques exemplaires d'interactions explicite-implicite : celui des négligences spatiales. L'exemple type est celui de patients souffrant de lésions d'un hémisphère (le plus souvent le droit) et qui manifestent des signes d'ignorance de leur demi-espace contralatéral, donc gauche, visuel et tactile (et, le cas échéant, auditif). Il ne s'agit pas d'un déficit de la perception, puisqu'il affecte aussi l'image mentale que le patient peut évoquer en mémoire ; ce n'est pas non plus un déficit moteur. On s'oriente le plus volontiers vers un déficit attentionnel[13]. Les lésions responsables seraient situées dans les aires pariétales droites, mais des cas de négligence unilatérale ont également été relevés après lésions du lobe frontal, du cingulum, du striatum et du thalamus – donc de tout un système de réseaux distribués (Mesulam, 1985, 1999). Or la persistance d'une certaine reconnaissance implicite de l'espace explicitement ignoré semble avérée (Marshall et Halligan, 1988). On connaît le rapport classique : une malade héminégligente gauche voit le dessin de deux maisons identiques, sauf que l'une est en feu sur tout son côté gauche. Interrogée, la patiente déclare dans un premier temps ne faire aucune différence entre les deux dessins. Invitée à choisir « celle dans laquelle elle voudrait vivre », elle opte pour la maison intacte, ce qui traduit aux yeux des expérimentateurs une reconnaissance implicite.

Dans d'autres cas, on a pu identifier un effet d'amorçage cognitif inconscient exercé par la figure non consciemment perçue par le patient héminégligent. Une interaction entre les deux côtés du cerveau a été impliquée : la négligence serait fondamentalement liée au non-désengagement de l'attention du côté non affecté (« sain »). Autrement dit, les patients qui négligent un côté auraient une difficulté à se désengager du côté normal (Posner, 1976 ; Posner et Raichle, 1994). Par ailleurs, il existerait, dans certains cas, une compétition entre les deux hémisphères telle que l'hémisphère lésé serait inhibé par l'autre resté sain, cette « extinction » ayant lieu à travers le corps calleux. Enfin, on a pu observer que des patients négligent moins un objet lorsqu'ils ont à le saisir que lorsqu'ils doivent se contenter de jugements perceptifs à son sujet (Edwards et Humphreys, 1999). Cela revient à penser que des représentations d'actions peuvent être conçues à propos d'objets que l'on

---

13. Depuis Holmes en 1918 jusqu'à des chercheurs beaucoup plus récents comme le groupe de Bisiach.

ne perçoit pas consciemment, ce qui nous ramène à la dualité du traitement des stimulus par plusieurs voies visuelles.

Et pour résumer

Bien d'autres domaines implicites encore auraient pu être retenus dans ce chapitre, ne serait-ce que le rôle de l'inconscient dans certains apprentissages, par exemple celui du langage chez le jeune enfant. Notre analyse a été sélective, restreinte à un inconscient qui reste hors analyse freudienne. Reconnaissons cependant que, malgré cette limitation, l'abondance des données est surprenante. Cela nous mène à cette conclusion qui n'est pas nouvelle mais assez peu répandue, à savoir que l'inconscient « naturel » ainsi délimité, entendons sans guide ou écoute psychologique externe pour en découvrir des chemins secrets, occupe déjà à lui seul une place considérable et peut-être souvent insoupçonnée. Et nous fait, en quelque manière, penser au trop fameux iceberg où, à chaque instant, la partie consciente ne représente qu'une petite fraction du tout, une grande majorité demeurant inconsciente et, image oblige, immergée.

Renoncer cependant aux informations psychanalytiques n'était pas sans risque et imposait des limites. Que nous avons plusieurs fois atteintes, ressenties, là surtout où la mémoire, l'émotion et le contact social imposaient inévitablement leur sévérité et leur subtilité, où le refoulement était à découvrir, le transfert à combattre et l'inconscient sournois à démasquer. À bien y réfléchir, les examens auxquels nous venons de procéder ont, à deux étapes, tendu explicitement ou non à creuser des fossés, en séparant la conscience et les inconscients puis en opposant deux inconscients. Ces compartiments ayant été mis en place, ne convenait-il pas de leur déceler des liens ? De toute évidence le souci intellectuel du découpage devrait à terme céder la place à la recherche, non point d'une synthèse, opération en général asséchante et destructrice d'intérêt, mais de transitions qui ménagent les divisions, et qui dans le cas d'espèce assureraient au-delà la souhaitable unité du mental.

Celui des inconscients que nous avons désigné cognitif-affectif a été dans les temps récents l'objet d'analyses auxquelles nous n'avons pas ménagé une mention plus détaillée. Notre souci a été de rester, pour le domaine subliminal, à une échelle plus globale. Mais nous ne pouvons ignorer les efforts de certains (Dehaene et Changeux, 2011) pour déterminer comment l'inconscient cognitif tendrait actuellement à être divisé en sous-espaces tels le préconscient ou le subconscient, ou d'autres, qui pour l'essentiel marqueraient une hiérarchie.

CHAPITRE 5

SUR CERTAINS ÉTATS
MODIFIÉS DE CONSCIENCE

Et voici à présent une étude sur des situations mentales qu'il est devenu usuel de désigner, surtout en pays anglophones, sous le nom d'« états modifiés de conscience ». Il ne pouvait toutefois pas être question d'explorer systématiquement tous les « états modifiés », cet ouvrage n'étant pas un traité de pathologie psychiatrique et son auteur n'ayant ni la compétence ni la prétention dans ce sens. Il ne s'agira ici que de deux classes d'états qui retiennent au moins autant sans doute l'attention du théoricien de l'esprit que celle du clinicien.

Regards sur l'hypnose

Commençons par l'hypnose, cette situation psychologique et comportementale si particulière, ce vécu en général si mal rapporté et qui frappe depuis des siècles. Il a été décrit sous des noms variés et il a pris des significations diverses au fil du temps, étroitement liées à la situation de la pensée philosophique dominante de l'époque. Successivement désignée magnétisme animal, somnambulisme, suggestion et, finalement, hypnose, alors qu'il ne s'est pas toujours agi de la même classe clinico-comportementale, on ne peut ignorer cette évolution historique qui marque à l'évidence que le domaine est mystérieux et frappe, davantage peut-être que bien d'autres situations comportementales, tout à la fois le croyant, le non-croyant, le clinicien, le philosophe, le psychologue et maintenant le physiologiste de l'esprit. Et cette extraordinaire évolution dans l'histoire est en quelque manière un reflet de la marche des idées qui ne se rencontre pas aussi caricaturalement ailleurs.

Depuis le XVIIIe siècle, tout un ensemble de cliniciens et de théoriciens qui se sont préoccupés du phénomène de l'hypnose s'est heurté à un problème essentiel. Malgré des acquis déjà anciens, le débat se poursuit, ici et là, pour savoir si l'hypnose est un état psychologique particulier ou un simple truquage de scène et un jeu de rôle avec l'hypnotiseur, et aussi pour déterminer quel est son rapport au sommeil. Une façon de décider est, bien sûr, de montrer que l'hypnose altère sélectivement des mécanismes nerveux qui lui sont spécifiques. Ne continuera-t-on pas à se limiter à écrire que l'hypnose n'est pas le sommeil, mais un état modifié de conscience qui reste inexpliqué et pratiquement rejeté par la science officielle ? Ce qui ne devrait pas nous interdire d'en exposer ici quelques points essentiels, dont certains sont plus historiques que scientifiques.

POUR L'HISTOIRE

Dès le XVe siècle[1], Paracelse puis Jean Wier, puis Platter, tous adversaires de la chasse aux sorcières, abandonnent les explications démoniaques et la sorcellerie. Dès cette époque, ils tentent une explication psychologique des maladies de l'esprit, venant du dedans et non des influences exté-

---

1. Le mémoire du Dr Virot-Ballay M., *De l'hypnose à l'hypnose, mémoire de psychologie clinique*, Rennes, 1995, nous a été d'une utilité appréciable.

rieures. Cardano (1557) est peut-être le premier à avoir découvert l'action curative de la suggestion, mais c'est Frantz Anton Mesmer (1734-1815), médecin allemand arrivé à Paris en 1778, qui développe une théorie sur les états de transe, qu'il veut scientifique en lui donnant avec des aimants un étayage physique, le magnétisme de Newton. Des passes magnétiques (attouchements de certaines zones privilégiées du corps) peuvent chez certains sujets déclencher une crise convulsive qui, selon lui, a des vertus thérapeutiques. Toutefois, Mesmer s'aperçoit bientôt que ses succès ne dépendent pas de l'emploi de l'aimant, mais tiennent plutôt à sa personne. Dès lors, il parle de « magnétisme animal », et perfectionne son intervention par la mise en place d'un baquet rempli d'eau « magnétisée » qui permet des séances collectives[2]. Selon son *Mémoire sur la découverte du magnétisme animal* (1766), l'action du fluide est susceptible de provoquer des « crises » chez les malades, lesquelles ont des vertus thérapeutiques. Néanmoins, en fils des Lumières, Mesmer prétend que son fluide invisible obéit à des lois mécaniques, et la transe quitte ainsi le champ du religieux et du diabolique. Bien sûr, l'hypothèse du fluide se révélera fausse, dès qu'aura été compris le magnétisme physique (Barrucand, 1967), mais l'Académie royale de médecine admet en 1831 sa réalité ; là s'arrêteront les reconnaissances officielles.

Malgré cette totale fausseté, c'est donc bien à Mesmer que revient la première tentative pour intégrer dans la science les méthodes de thérapie par les forces inconscientes. Puis se développe avec Puységur (1784) un intérêt pour le somnambulisme, état où le sujet est lucide et capable de tout voir et de tout entendre, mais en état

---

2. Du baquet sortaient des tiges métalliques au bout desquelles étaient accrochées des ficelles. Les patients s'installaient autour de ce meuble et saisissaient un bout de ficelle. Mesmer provoquait ainsi, disait-il, des convulsions, des guérisons, un sommeil artificiel.

d'obéissance passive avec la persistance de la conscience. La « crise » somnambulique, grâce à la restriction de la motricité (catalepsie), doit « permettre qu'une nouvelle conscience prenne naissance ». Tout se modifie lorsqu'en Angleterre James Braid entreprend en 1841 son analyse du phénomène. Il n'existe à ses yeux aucun fluide magnétique, aucune force mystérieuse émanant de l'hypnotiseur ; l'état hypnotique et les phénomènes qu'il comporte ont leur source purement subjective dans le système nerveux du sujet lui-même. Ainsi le magnétisme animal finit-il par s'imposer sous le nom d'hypnotisme. On admet alors qu'il est possible de produire chez certains sujets prédisposés un état nerveux spécial caractérisé par des contractures, des paralysies, des troubles divers de l'intelligence. Braid développe une technique d'induction combinant la fixation d'un objet brillant et la concentration sur « une seule idée ». L'hypnose est en quelque sorte née : c'est à Braid que l'on doit la transition du magnétisme animal et des magnétiseurs à l'hypnose, désormais reconnue par une partie au moins du monde médical. Il y aura très vite une intéressante application de l'hypnose aux opérations sans anesthésie chimique, mais l'expérience sera pratiquement interrompue par la découverte des anesthésiques tels l'éther ou le chloroforme.

C'est à partir de 1878 que Jean-Martin Charcot va étudier à la Salpêtrière l'hypnose sous l'influence de Charles Richet. En fait, il s'intéresse initialement à l'hystérie[3] et en présente en 1870 les multiples manifestations locales somatiques. En 1872, il décrit le stade extrême de la « grande hystérie » qui a de nombreux points de ressemblance avec l'épilepsie. Il habilitera alors l'hypnose comme objet d'étude scientifique en la concevant comme un état pathologique,

---

3. L'hystérie est un conflit psychique qui s'exprime par des manifestations fonctionnelles (anesthésies, paralysies, cécité, contractures...) sans lésion organique, des crises émotionnelles avec théâtralisme, des phobies et des excès émotionnels incontrôlables.

une névrose hystérique artificielle, très comparable à l'attaque d'hystérie et qui ne peut être provoquée que chez des sujets prédisposés par des troubles cérébraux spécifiques. Le rapport est étroit entre hystérie et hypnose : l'hystérie est la condition *sine qua non* pour provoquer chez le sujet un sommeil artificiel ou hypnose. Et, à son tour, l'hypnose est l'état nécessaire à l'accomplissement des suggestions. Avec les trois termes « hystérie » « hypnose » et « suggestion » se conditionnant les uns les autres, l'École de la Salpêtrière décrit en réalité une nouvelle psychopathologie des névroses.

Tout va encore évoluer quand l'École de Nancy, avec Bernheim, Liégeois et Beaunis, entreprend une analyse critique des conclusions de Charcot. Ils s'accordent sur deux points : 1) l'irréalité des phénomènes observés par Charcot et qui ne sont dus qu'à des suggestions inconscientes ; 2) la puissance de la suggestion et son emploi en thérapeutique. Dans *De la suggestion dans l'état hypnotique et dans l'état de veille* (1884), Bernheim met en lumière le rôle essentiel de la suggestion dans la production et dans le développement des états mentaux si curieux qui constituent l'hypnotisme à ses divers degrés. L'hypnose devient un simple sommeil produit par la suggestion et susceptible d'applications thérapeutiques. Malgré cela, de 1882 à 1892, l'hypnose connaît un âge d'or pour subir ensuite un déclin jusqu'à la mort de Charcot où la méthode et ses possibilités thérapeutiques sont progressivement oubliées en France, à l'exception de Pierre Janet (1859-1947), philosophe et clinicien, qui reste convaincu que l'hypnose est un instrument très efficace dans la psychothérapie. Janet la voit comme une forme d'automatisme où serait abolie la volonté et où s'installerait un comportement réflexe complètement dissocié du conscient, mais restant sous la stricte dépendance du magnétiseur.

En Allemagne, en revanche, l'hypnose est restée un objet de référence constante pour de grands penseurs tels Hegel, Schelling, Fichte, Schopenhauer ou Fechner. À cet égard, on retiendra l'étude de Rudolf Heidenhain (1880), qui a eu l'occasion d'assister aux représentations publiques d'hypnose du Danois Carl Hansen. En enquêtant sur ces expériences, il a l'intuition d'examiner de près ses modalités d'induction de l'état hypnotique par différents moyens et décrit en particulier des « stimulations légères, prolongées et monotones des nerfs sensitifs du visage, ou bien des systèmes optiques et auditifs ». Celles-ci produiraient une « inhibition des fonctions supérieures du cortex cérébral ». On mesure, en somme, la surprenante actualité de l'interprétation ainsi proposée, y compris l'introduction de la notion (alors moderne) d'inhibition, à propos d'un phénomène qui, à cette époque, figure encore au catalogue des événements mystérieux et scientifiquement peu explicables (Setchenov, 1863 ; Windholtz, 1996). Nous y reviendrons[4].

COMMENT EST ACTUELLEMENT PERÇUE L'HYPNOSE

On reste, il faut le dire, assez troublé devant cet « état modifié » si mal défini et que tente de résumer, avec peine, sa classique histoire esquissée ci-dessus, longue et complexe. Pour actualiser quelque peu le propos, disons que l'hypnose (appelée aussi « transe ») n'est pas un sommeil, mais bien un processus actif qui nécessite de la part du sujet une motivation personnelle, ainsi qu'une confiance (lui) et une collaboration étroite avec en un opérateur qui l'invite à porter son attention de l'extérieur vers lui-même, puis à se relaxer : c'est la phase d'induction durant laquelle le sujet entre en état d'hypnose. Cette installation s'accompagne d'une modification du champ attentionnel : le sujet sous hypnose devient peu attentif à son environnement ; il se concentre sur certaines de ses propres représentations mentales, dont

---

4. Incidemment, on peut retenir que Pavlov, qui a connu les idées de Heidenhain, a probablement introduit la notion d'inhibition corticale, partiellement sous cette influence ; à cet égard, l'autre maître de Pavlov aura, bien entendu, été Setchenov (voir chapitre premier).

la nature dépend des instructions du moniteur. Il découvre alors un rapport à lui-même et à son environnement différent de celui de l'éveil : il agit et se voit agir. Son vécu comporte un ensemble de perceptions, de souvenirs, d'intentions et de pensées, expériences subjectives qu'il pourra explicitement rapporter par la suite. Le sujet hypnotisé vit comme une « modification de l'orientation à la réalité ». Sa conscience se focalise sur certains événements et laisse de côté tous les éléments de la réalité extérieure non pertinents vis-à-vis de la situation hypnotique[5]. L'hypnose offre, tant au patient lui-même qu'au thérapeute, un certain accès à son inconscient. Cet état est différent de celui que produit la relaxation ou la méditation (voir ci-dessous). Notons encore que, dans l'histoire de la transe, ce sont sans doute les techniques d'induction qui ont notoirement varié, certaines étant brèves et directives, d'autres plus suggestives et donc progressives.

C'est dans le monde anglo-saxon que l'on trouve les précurseurs de l'utilisation de l'hypnose en anesthésie. Elle a d'autre part été utilisée par Freud pour pratiquer ses psychanalyses, du moins au début de sa carrière[6]. Elle reste aujourd'hui un des outils du psychothérapeute. L'hypnose a

---

5. Ainsi s'exprime Milton Erikson, promoteur d'une forme particulière d'induction hypnotique.

6. Sans discuter l'objet de la psychanalyse, on ne peut manquer d'évoquer comment a varié, au cours de sa vie, l'attitude de Freud vis-à-vis de l'hypnose. Dans une première partie de sa carrière, auprès de Breuer, il applique l'hypnose ; ensuite, à son retour à Vienne d'un séjour chez Charcot à la Salpêtrière, il l'utilise pour traiter des sujets hystériques, en particulier de jeunes hommes (« hystérie masculine »). En cette année 1886, il est très mal accueilli par les autorités médicales viennoises autour de Meynert, le neurologue dominant. La méthode est vue comme une supercherie. Malgré ces difficultés, Freud persiste pendant encore plusieurs années, jusqu'à ce qu'après un certain nombre de problèmes, dont la difficulté d'induire l'hypnose chez certains malades, et sous l'influence de Berheim et de son École de Nancy, il commence à se poser bon nombre de questions sur l'efficacité de la méthode. C'est ainsi qu'il cède la parole à ses patients et, estime-t-il, à leur inconscient. En 1896, il renonce définitivement à l'hypnose en tant que procédé thérapeutique essentiel.

par ailleurs fécondé de nombreuses autres approches thérapeutiques, directement ou non. Toutefois, les débats n'ont
pas manqué. C'est ainsi que l'on a vu se développer une hypnose très « proche du patient » avec Milton Erikson, pratiquement sans le « cérémonial usuel » (en particulier, celui
de l'induction d'un état psychologique particulier), initiative
que d'autres, plus récents, comme Lancaster, ont lourdement
critiquée pour prôner un retour à une pratique plus traditionnelle. C'est ainsi que s'est aussi développé, autour du
terme global de sophrologie, tout un ensemble de systèmes
de relaxation aux principes et aux pratiques souvent obscures
et confuses, aux terminologies fantaisistes et qui contribuent,
hélas, à décrédibiliser sévèrement tout le domaine.

VERS LES MÉCANISMES DE L'HYPNOSE ?

L'examen des mécanismes de l'hypnose implique de
distinguer, un peu artificiellement peut-être, deux classes
successives, correspondant à deux étapes : celle de l'induction hypnotique et celle de l'état d'hypnose proprement dit.

L'induction hypnotique

L'hypnose s'obtient par une première intervention de
l'opérateur, celle de l'induction. Celle-ci est réalisée par toute
une série de méthodes, qui ont beaucoup varié avec les
époques. Longtemps, cela a été l'induction directive qui,
comme son nom l'indique, consiste à donner au patient des
instructions. Parmi celles-ci, il y a la technique de la respiration (ralentir et approfondir) ainsi que la technique de
la confusion ou de surcharge des sens (penser/faire une
chose, et très vite une autre, et encore d'autres jusqu'à ce
que l'esprit du patient se fatigue et abandonne – pour enfin
se détendre). L'opérateur peut aussi demander au patient
de se placer en position allongée en décubitus dorsal et de
procéder à des manœuvres de regard fixe vers lui (fascina-

tion) ou lui faire entendre des sons monotones et répétitifs. Ces méthodes, qui comportent un aspect quelque peu rituel, sont souvent remplacées maintenant par d'autres dites d'induction progressive ou permissive, qui se font par paliers, la détente de l'esprit vers l'inconscient s'étendant sur plusieurs minutes.

Avec cette induction « permissive » préconisée par Erikson, l'hypnotisé réagit aux communications du thérapeute, et réciproquement. Actuellement, comme nous l'avons vu, le problème est de savoir si l'induction permissive est valable. Non, disent certains[7] pour qui il reste essentiel de ne pas négliger totalement les moyens simples et traditionnels (décubitus, fascination et sons répétitifs) pour produire ce que l'on appelle toujours encore l'hypnose.

Quelques notes sur l'hypnose animale

Il s'agit d'une immobilisation posturale déterminée chez un certain nombre d'espèces de vertébrés, reptiles, oiseaux et mammifères en particulier. Pour le neurobiologiste, ce domaine n'est pas sans intérêt. Nous n'avons pas à le détailler ici, sinon par une curieuse liaison avec l'hypnose humaine. On sait depuis très longtemps (Kirchner, 1646) qu'un poulet auquel on impose un décubitus latéral au sol et dont on place délicatement la tête sous une aile restera dans cette position d'immobilisation pendant un temps qui peut être long. L'animal peut même dans cet état d'immobilisation supporter une légère piqûre. Un grand nombre d'espèces, vertébrés et même invertébrés, ont ensuite témoigné de telles immobilisations dites réflexes[8]

---

7. Presque tout le monde serait capable d'atteindre une phase légère de transe sous une induction permissive, mais moins de 10 % peuvent atteindre la transe somnambulique.

8. La terminologie a beaucoup varié au cours des siècles, avec des désignations telles que : immobilité tonique, catatonie, catalepsie, cataplexie, ataxie locomotrice, etc. Cette multiplicité marque la difficulté de définir clairement ce qui continue souvent à être appelé « animal ».

ou, plus volontiers aujourd'hui, paroxystiques, obtenues sous l'effet de stimulations corporelles tactiles, visuelles ou auditives, en général soutenues ou répétitives et surtout non douloureuses (plaquage au sol, retournement sur le dos, encapuchonnement de la tête chez l'oiseau, éclairs lumineux ou sons répétitifs, etc.). De telles immobilisations peuvent aussi se produire dans la nature par actions interspécifiques (fascination, par exemple). On en connaît mal actuellement les mécanismes centraux. Chez le lapin, il est classiquement rapporté aussi que les mouvements locomoteurs sont pratiquement inhibés par la stimulation lumineuse intermittente (par exemple, stroboscopique). Autrement dit, il y aurait deux actions qui pourraient mimer un effet hypnotisant : le décubitus et la fascination.

Nombreux ont dès lors été et sont toujours encore aujourd'hui les observateurs et les théoriciens qui ont assimilé ces pouvoirs d'inductions observés chez l'animal aux étapes initiales de l'hypnose humaine. Il va de soi cependant que là s'arrête l'éventuel parallèle, les non-humains ne nous ayant encore donné aucun signe de la « bascule conscientielle » qui se produit chez l'homme quand on l'immobilise ou qu'on le fascine !

Les états d'hypnose

À la fin des années 1950, des recherches sur la nature possible de l'hypnose humaine ont pris un premier essor, et ce d'abord grâce à la mise au point par Hilgard de la première échelle d'« hypnotisabilité » standardisée. Celle-ci est fondée sur une mesure précise de la réponse individuelle à une liste de suggestions standardisées. Hilgard découvre à cette occasion la *dissociation hypnotique*. Le type d'expérience est le suivant : l'hypnotiseur suggère au sujet qu'il est sourd ; celui-ci semble le devenir et ne plus répondre à aucune question ; pourtant, si l'hypnotiseur lui demande de bouger un membre, le sujet s'exécute. Hilgard en conclut que la conscience semble dissociée en deux états différents[9]. Une hypothèse émerge alors dans les années 1970 : l'état hypnotique correspondrait à une activation préférentielle de l'hémisphère cérébral droit, siège du fonctionnement « imaginatif », et cette activation serait d'autant plus importante que le sujet serait très hypnotisable. C'est ce que plusieurs équipes vont s'évertuer à vérifier pendant une dizaine d'années. Les essais sont pratiquement tous négatifs (Crawford, 1994), que le test marqueur soit l'EEG ou des potentiels évoqués sensoriels[10]. Par ailleurs, et plus banalement, aucun résultat réellement positif n'est signalé sous hypnose dans divers tests physiologiques classiques – pression artérielle, rythme cardiaque, fréquence respiratoire, diamètre pupillaire. Plus récemment, en revanche, un certain nombre d'observations ont assez clairement indiqué que l'état hypnotique correspond bien à un état cérébral particulier (Crawford, 2001). À l'aide de paradigmes exigeant une attention permanente au stimulus, associée à une bonne localisation cérébrale par imagerie TEP, il a été montré que le cerveau d'un sujet (hypnotisable) auquel on rappelle une scène vécue réagit différemment selon qu'il est éveillé ou sous hypnose. Sous hypnose, il donne l'impression de « revivre » cérébralement (activation d'aires sensorielles et motrices), alors que, pendant la remémoration de ces mêmes événements, éveillé, il ne fait que se souvenir de son vécu (activation essentiellement temporale). Autre observation : à stimulus douloureux constant, suggérer aux sujets sous hypnose que leur inconfort augmente

---

9. Une forme étrange de dissociation est connue depuis 1921 : l'hypnose de la route (*highway hypnosis*). Le sujet conduit une voiture sans aucune conscience de le faire. Il semble que sa conscience soit entièrement concentrée sur un autre objet et que son comportement relève d'une opération inconsciente (Williams, 1963).

10. En fait, on a pu déceler quelques altérations, mais elles étaient mal localisables dans le cerveau ; d'autre part, on peut toujours arguer que la modification du potentiel évoqué est liée à quelque effort du sujet pour jouer son rôle !

active significativement le cortex cingulaire antérieur, encodeur du ressenti émotionnel suscité par le stimulus (Rainville *et al.*, 1997).

PLUS LOIN DANS L'HYPOTHÉTIQUE ?

Avec ces données récentes, il semble en quelque sorte acquis que l'hypnose est un état psychologique avec des corrélats nerveux particuliers et qu'elle n'est pas simplement le résultat de quelque persuasion que ce soit. L'imagerie cérébrale tend à accréditer la thèse qu'elle est une modalité particulière de fonctionnement de notre mental, à laquelle nous ne pouvons actuellement trouver aucune explication. Sans doute cette énigme a-t-elle été une des raisons de doute, de suspicion et de rejet par une partie des disciplines qu'elle implique. N'existe-t-il dès lors aucune façon de trouver, au-delà de toutes ces intéressantes corrélations, une façon de comprendre au moins certains aspects du phénomène ? Sans aller très loin, il nous a semblé qu'intervenaient, non point tellement dans l'état d'hypnose lui-même que dans sa période (classique) d'induction, des facteurs qui ont suscité notre curiosité. En effet, en revoyant les facteurs d'induction de l'hypnose animale, avec les éléments de réponse que l'on sait (immobilisation paroxystique et, parfois, insensibilité à la douleur), il nous est apparu que l'on pouvait difficilement ignorer ces modalités particulières de sollicitation[11] des systèmes sensoriels que cette immobilisation exige (stimulus cutanés non douloureux, maintenus ; stimulus visuels ou auditifs, maintenus inchangés ou répétitifs monotones). La tentation est grande de penser que ces stimulations bizarres qui, chez l'animal, suscitent l'immobilisation pourraient être à l'origine de ce qui, chez le sujet humain, représente une « bascule conscientielle d'ensemble »

---

11. Ascendante ou *bottom-up*, diraient les spécialistes.

qui placerait notre mental dans cet état très particulier dont la nature nous échappe complètement[12], mais dont on sait qu'elle n'est pas du sommeil, qu'elle modifie certaines perceptions sensorielles, qu'elle efface l'initiative motrice et qu'elle ouvre sans doute une certaine fenêtre sur l'inconscient. Cet inconscient, l'hypnose nous aiderait à le dévoiler, à travers l'hypnotiseur[13]. Voici, un peu en guise de conclusion, ce qu'écrivait Léon Chertok (1989), ce grand de l'hypnose, au sujet de cet état de conscience modifié si particulier : « L'hypnose est un "quatrième état de l'organisme actuellement non objectivable" dont les racines profondes vont jusqu'à l'hypnose animale. Cet état renverrait aux "relations prélangagières d'attachement de l'enfant". Il se manifesterait électivement dans toutes les situations de perturbation entre le sujet et son environnement. »

L'esprit en méditation

Après l'hypnose, évoquer le problème de l'esprit en méditation peut sembler encore plus étranger à une ligne de raisonnement et de pensée rigoureuse. Comment accepter de s'intéresser à quelque forme que ce soit de spiritualité, au sens traditionnel, après s'en être détourné ? Tout simplement, dirais-je, parce que nous suivons ici la ligne défendue de part en part de cet ouvrage : ne pas ignorer un phénomène psychologiquement et sociologiquement aussi vaste, qui peut être rattaché, comme l'hypnose, à la classe des états modifiés de conscience. Examiner les méditations

---

12. Bien entendu, une critique de notre hypothèse est toujours possible, si l'on se réfère à la méthode d'Erikson, détachée du rituel de l'induction. Mais ne contient-elle pas, en beaucoup plus discret et peut-être même plus voilé, des approches d'un certain rutalisme ?

13. Voir la note 6 de ce chapitre.

n'implique quasiment aucune incursion dans les doctrines théologiques elles-mêmes, mais de multiples questionnements sur la naissance et le vécu psychologique de ces expériences méditatives.

Les pratiques de méditation et de prière ont traversé les siècles avec des variations liées aux traditions spirituelles du lieu et du moment, depuis les chamans jusqu'à toutes sortes de sectes, de temples et d'églises, avec leurs méthodes propres, appartenant à autant de systèmes « religieux » différents. Il n'est évidemment pas question ici d'entrer dans les détails ni des dogmes ni des rites ; notre objectif est plus modeste, mais néanmoins ambitieux : tenter de déceler certains mécanismes psychologiques qui pourraient être considérés comme comparables dans diverses attitudes contemplatives. Évoquer ces similarités ne concernera ni les dogmes ni la spiritualité du croyant. Il ne s'agit que de constater, et nous ne sommes pas les premiers, que certaines postures, attitudes corporelles et initiatives gestuelles accompagnant la concentration méditative sont très fréquemment communes à travers les civilisations et les époques. En outre, et en cela nous sommes peut-être plus isolé, nous voudrions donner à ces attitudes une certaine signification causale ou au moins étroitement accompagnatrice. Méditation et prière sont avant tout une expérience subjective, introspective, pratiquée à la première personne. Si elles sont dans bien des cas pratiquées en groupe, dans un lieu dit de culte, ce qui peut susciter un effet d'ambiance renforçateur, elles peuvent tout aussi bien se dérouler dans la solitude et même hors de toute croyance institutionnelle reconnue.

VUES SUR L'EXPÉRIENCE MYSTIQUE

Les pratiquants décrivent généralement leur expérience mystique en des termes se rapportant à leur foi particulière, mais certaines similitudes se dessinent, je l'ai dit. Ces expériences en appellent à une certaine forme d'introspection (encore à définir) comme moyen d'atteindre le divin ou la « vérité ». Susceptibles d'ébranler énormément la psyché, elles peuvent mener à un état de connaissance qui semble dépasser les aspects langagiers habituels. Elles ne durent généralement que peu de temps, même si elles peuvent donner lieu à un sentiment d'intemporalité. Sans doute représentent-elles le développement d'un état mental particulier, encore mal compris cognitivement et émotivement. Telle qu'elle est décrite, une telle expérience peut souvent apparaître comme une image mentale (visuelle ou acoustique), une quasi-hallucination, inévitablement accompagnée d'un élan émotif profond.

MÉDITATION ET MYSTICISME À TRAVERS LES CIVILISATIONS

Inévitablement, notre thématique nous rapprochait (quelque peu) de l'examen des pratiques religieuses. En survolant certaines écoles de méditation et de prière[14], nous y avons perçu des aspects qui peuvent sembler collatéraux mais qui, à nos yeux, méritent un rapide détour.

En débutant avec le christianisme, on reconnaît des expériences contemplatives soit d'anachorètes, soit de congrégations dont certaines ont fait une grande place à la concentration méditative. Que l'on pense, en particulier, à quelques ordres monastiques comme les cisterciens ou à quelques mystiques comme Maître Eckart ou, plus tard, le luthérien

---

14. C'est à dessein que nous avons choisi de ne pas traiter séparément deux attitudes vers le spirituel qui ne se confondent pas nécessairement, à savoir la prière et la méditation. Car, pour adopter un langage de théologie chrétienne, on peut rappeler une différence : la prière peut contenir une sollicitation active de la divinité, tandis que la méditation ne resterait surtout qu'à son écoute.

Jakob Böhme, qui parlent l'un de « l'isolement total qui mène à Dieu » et l'autre de « la fixation du regard sur un objet brillant ». Ces traditions se retrouvent dans l'école mystique flamande (de Groote), puis avec Francisco de Osanna qui évoque des exercices corporels et de recueillement (« se rendre sourd, aveugle, muet au monde extérieur », « *no pensar nada* »), avec Ignace de Loyola et Juan de Yepes (Jean de la Croix) qui mentionne dans ses écrits le besoin d'« isolement et de privation sensorielle ». On est frappé de l'analogie entre ces consignes de recueillement, qui sont aussi celles de Thérèse d'Avila, et ce que l'on peut retrouver dans les enseignements de l'Inde, comme nous allons le voir. Tous ces écrits, consignes et enseignements peuvent tout à la fois apporter des voies d'induction de la contemplation et alimenter des expériences mystiques, vécues comme un rapprochement du méditant avec la divinité.

Dans la tradition mystique juive (XIIIe et XIVe siècle), la Kahballah apparaît avec des textes ésotériques et des préceptes de concentration méditative comportant des appels à des états de « conscience éveillée », ici encore par concentration sur une parole, sur chaque mot d'une prière répétée sans cesse, visant un état extatique (*daat*). Dans l'Islam également, dès les débuts de l'Hégire, se font jour les tendances d'une certaine recherche d'exercices spirituels et de méditation ; ce sont les *soufis* qui se constituent en compagnies. L'instrument de leur méditation est, comme ailleurs, de manipuler le processus attentionnel à l'aide de toute une série de procédés, comme la répétition monotone de mots et de litanies extraites du Coran, accompagnée de mouvements respiratoires, de gestes ou de danse.

Les philosophies et religions de l'Inde et de l'Extrême-Orient vont achever notre rapide examen sans que soit détaillée leur histoire fort complexe. C'est indubitablement le *yoga* qui vient au centre de notre regard. Il est né d'une ancienne doctrine dite *Samkhya*, et ses principes sont systématisés entre le Ve et le IIe siècle avant J.-C. par Patanjâli (*Yoga Sûtra*). Il a été ensuite adopté par les trois systèmes religieux : brahmanisme, bouddhisme et jaïnisme. Il fait partie de tous les enseignements bouddhistes, celui du Sud, dit « du petit véhicule » (*Inayâna*), et celui du Nord, dit « du grand véhicule » (*Mahayâna*[15]). La manifestation centrale en est la méditation, activité comportant une certaine posture, une attitude de concentration attributive visant à une certaine orientation mentale vers une forme ou une autre de transformation spirituelle intérieure. Ces méditations orientales ne mènent pas à un état réellement extatique, mais plutôt à une attitude de silence mental (l'« enstase » de Mircea Eliade[16]).

Remarquons, au final, combien de caractéristiques sont étonnamment semblables entre ces systèmes mystiques très différents : posture, souvent avec respect de la symétrie ; position des mains ; dans certains cas, mouvements rythmiques monotones réguliers du tronc et/ou des bras et/ou de la tête. Ces postures ou mouvements peuvent être accompagnés de mouvements oculaires, ainsi que de répétitions verbales également monotones ou de chants incantatoires généralement répétitifs. Toutes ces activités, en somme,

---

15. Le bouddhisme tibétain comporte plusieurs écoles, mais cette séparation ne signifie nullement qu'il existe des schismes entre les écoles. Par nature, le bouddhisme est une école de tolérance où règnent le respect et la coopération.

16. Ce néologisme a l'avantage de faire violemment contraste avec la traduction tout à fait erronée de *samadhi* par « extase » qui a parfois été proposée. Le yogi en état de *samadhi* ne « sort » pas de lui-même, il n'est pas « ravi » comme le sont les mystiques ; tout au contraire, il rentre complètement en lui-même. Dans le *samahdi* parfait, il y a « extinction définitive de la personnalité ». Voir *Upanishads du yoga*, trad. fr. J. Varenne, Gallimard-Unesco, 1971. Seule subsiste, en amont de la conscience, une sensation « impersonnelle » de l'acte d'exister. Voir aussi J.-M. Verlinde, *L'Expérience interdite*.

impliquent la concentration d'une classe d'attention sur l'activité intérieure, y compris corporelle.

VERS UNE INTERPRÉTATION : LES EFFETS DE LA DÉAFFÉRENTATION FONCTIONNELLE

De manière assez inattendue, nous en revenons donc, une fois encore, à associer un certain vécu psychologique particulier et une activité corporelle singulière. Comment ne pas voir dans ces similitudes, au-delà des différences de doctrines et de messages, une convergence fondamentale dans la structure psychologique qui peut accompagner des tendances et des élans vers la concentration méditative ? Déjà, l'examen de l'hypnose nous avait laissé voir de semblables associations chez l'homme entre immobilisation et altération conscientielle. Dans le cas présent, c'est une certaine modification corporelle volontaire qui peut accompagner l'élan spirituel. Notre hypothèse, qui introduit une causalité, est la suivante : ces modifications corporelles (immobilisation dans une certaine posture ou bien mouvements monotones répétitifs) pourraient réaliser une certaine déafférentation, et celle-ci pourrait causer ou faciliter, au-delà d'une éventuelle relaxation, une concentration psychologique. Cette déafférentation n'est en aucune mesure une suppression des incitations afférentes, mais une certaine structuration de leur configuration temporelle, selon deux modalités possibles : ou bien la persistance dans le temps sans aucune variation, ou bien un déroulement selon un rythme quasi constant, « monotone ». On parlera à propos de ce contrôle ascendant (*bottom-up*) de déafférentation fonctionnelle, expression déjà proposée par Hebb.

À ce stade, on pourrait aller encore un peu plus loin dans l'hypothétique et remarquer que les stimulus fixes ou répétitifs réguliers correspondent les uns et les autres à une situation assez particulière : celle d'une suite de stimulus à probabilité conditionnelle élevée de survenue. Dans un cas comme dans l'autre, persistance ou répétition, la probabilité que l'événement survenu à t_1 survienne à $t_2 = t_1 + \Delta t$, puis $t_3 = t_2 + \Delta t$, etc. Autrement dit, la probabilité conditionnelle ou bayesienne semble voisine de 1. Une concentration de l'attention sur de telles cibles à probabilité conditionnelle élevée et surtout constante d'apparition ou de présence pourrait susciter non seulement une baisse de vigilance, mais aussi, chez certains sujets et dans certaines conditions, une modification qualitative de la conscience impliquant tout à la fois la sphère émotive et cognitive.

Telle est donc notre hypothèse. En existe-t-il des indices plus ou moins expérimentaux ? Comme nous allons le voir, ceux-ci sont très inégaux. Citons d'abord l'exemple d'une méthode thérapeutique que l'hypnose a, semble-t-il, inspirée, mais où le sujet est seul, s'« autotraite » en quelque manière et entre, le cas échéant, en méditation. Il s'agit du *training autogène* de Johannes Schultze, où il est enseigné que rester aussi immobile que possible dans un fauteuil peut entraîner, comme le souligne son initiateur, « une modification de la perception corporelle, créant une sensation de chaleur et de lourdeur dans tout le corps, une perte de sensation de la main et une pesanteur du bras avec un sentiment de relaxation et de paix mentale ». Sans doute cette « commande », cette fois volontaire, affecte-t-elle parallèlement un ensemble de fonctions végétatives (respiration, pression sanguine, rythme cardiaque, etc.), le tout révélant un effet « antistress[17] ». Il est probable d'ailleurs que les diverses attitudes de méditation immobile connaissent pour l'essentiel les mêmes associations. Il est

---

17. Dans sa signification la plus courante, mais peu scientifique, car le mot « stress » désigne en toute rigueur une situation physiopathologique bien précise liée à un stimulus brutal entraînant une réaction surrénalienne (libération d'adrénaline et d'hormone cortico-surrénalienne).

tentant, à ce stade, de schématiser une possible chaîne causale en rappelant, à cette occasion, celle imaginable pour l'hypnose.

Voici donc cette dernière en premier :

1. opérateur → immobilisation → déafférentation dynamique → modification conscientielle.

Et celle concernant le *training* pourrait alors s'écrire :

2. immobilisation volontaire → déafférentation dynamique → relaxation.

Dans la même ligne, rappelons plus banalement les répercussions sur le psychisme du maintien fixe de l'attention visuelle sur une source lumineuse ou un objet immobile ou présenté de manière monotone répétitive à basse cadence (un flash, par exemple). La situation est courante dans l'induction hypnotique. Elle peut se retrouver pour induire ici encore soit une altération du niveau de vigilance (simple relaxation), soit une modification conscientielle. Pour la chaîne causale, on écrira :

3. fixation visuelle objet immobile → privation sensorielle → baisse de vigilance ou bascule conscientielle.

À cet égard, il est instructif d'évoquer une autre situation, celle observée chez des sujets à qui on impose des altérations, même limitées, de leur schéma corporel ou image du corps – restriction sensorielle ou privation de repères spatiaux, etc. Ces conditions imposées, qui ne relèvent d'aucune spiritualité, peuvent avoir des effets psychologiques relativement importants : troubles de l'ego, dépersonnalisations, hallucinations, illusions, altération de l'image corporelle, troubles perceptifs (Grassian, 2006). Ce qui généralise en quelque sorte l'existence d'un impact psychologique de la contrainte corporelle et environnementale et fait des pratiques méditatives des exemples en quelque sorte naturels et adaptés. La chaîne causale possible pour ce cas serait cette fois :

4. altération sensorielle imposée → déafférentation sensorielle → modification conscientielle.

SURVOL DU CONTINENT INDIEN

Dans notre présentation des mystiques de l'Inde, nous avons déjà esquissé les attitudes méditatives. Dans l'analyse un peu plus fine qui suit ici, nous voudrions apporter quelques informations complémentaires sur la méditation dans le bouddhisme. Le concept de méditation, théorisée et pratiquée (*dhyāna*), y diffère radicalement de son acception occidentale. Deux voies, issues de l'Inde des yogas, ont en particulier marqué depuis longtemps le rituel méditatif bouddhique :

– La *shamatha* : méditation calme, sérénité, tranquillité, vers la capacité de focaliser l'attention sur un seul point.

– La *vipassana* : méditation « vue claire devant les yeux » des choses telles qu'elles sont réellement, de « comment l'esprit est perturbé au départ », de la vraie nature de la réalité.

Selon les écoles, l'une est seule appliquée ou les deux en succession. On les a réactualisées en distinguant :

– La *méditation concentrative* en attention focalisée (AF) sur un objet précis. Cette focalisation volontaire de l'attention est dirigée sur le corps du méditant, un objet, un mot ayant une signification éventuellement spirituelle (*mantra*) ou une image (*mandala*).

– La *méditation d'ouverture* (MO ; en anglais, *open mindfulness* ou OM) ou contrôle ouvert sur tous les événements mentaux présents dans le champ, soit une prise de connaissance non réactive du contenu de l'expérience. La méditation ouverte existe en particulier dans le bouddhisme tibétain. Sa stratégie est de prendre en compte tous les événements extérieurs par un niveau élevé d'attention restée ouverte en permanence. Le méditant doit alors savoir lutter contre l'automatisme et l'habituation, rester ouvert à la réalité extérieure et à toutes les sollicitations reçues aussi par son corps.

C'est par ces voies que le sujet méditant peut en principe atteindre le *nirvâna*, paix intérieure et détachement total. En fait, dans le bouddhisme tibétain dit *vajrayâna* (tantrique), le but est au contraire de devenir un *bodhisattva* (« être promis à l'Éveil ») qui n'entre pas en nirvâna, mais reste dans le *samsâra* (cycle des existences successives), afin d'aider tous les êtres à se libérer de la souffrance. Il s'agit là d'une démarche de libération collective, en méditation ouverte, au contraire du *hinayâna* où l'on recherche la libération pour soi-même principalement.

Les postures de méditation, dont l'importance est grande, varieront selon la classe méditative et les traditions. Le sujet est soit debout, soit simplement assis, soit dans la position plus complexe du lotus, forme la plus haute de méditation (*raja-yoga*). Il pourra se concentrer soit sur sa respiration profonde, en expiration, soit sur sa posture. Il sera dans un état éveillé, mais exempt de tension et de stress, l'amenant à une attention focalisée, centrée, les yeux mi-clos, sur un point fictif ou un objet (bougie, fleur, mandala), ou bien il sera, au contraire, sous un flux de pensées qu'il laissera passer sans les freiner, son esprit se vidant pour parvenir à une relaxation dynamique ouverte. Esquissons ici encore le lien causal dans chacun des cas :

(5a) *Attention focalisée → concentration → autocontrôle.*

(5b) *Attention ouverte → désautomatisation → relaxation ouverte.*

À ce point, une remarque s'impose qui peut avoir son importance : dans tous les schémas de chaîne causale présentés ci-dessus (1 à 5b), l'action a été arrêtée à l'effet conscientiel. En toute rigueur cependant, peut-être conviendrait-il de compléter le circuit par une influence descendante de l'état méditatif qui, en commande de feed-back (*top-down*), serait à la fois créatrice d'états émotionnels et renforçatrice de l'immobilité.

QUELLE CLASSE DE CONSCIENCE
AU COURS DE LA MÉDITATION ?

Jusqu'ici il a été question de modifications conscientielles au cours des méditations et il est probable qu'elles ne sont pas toutes identiques selon les méthodes. Certains ont posé le problème de façon un peu plus générale et quelque peu différemment, évoquant celui de la « vacuité » de l'esprit « qui arrive à ne penser à rien ». Et ils se sont, à ce propos, curieusement tournés vers un passé philosophique très occidental de la conscience de soi (voir chapitre 3). Souvenons-nous de Hume et de son « absence de possibilité de saisir son moi pur en dehors de toute perception, ou idée ». Et la réaction de Kant, reconnaissant l'existence psychologiquement nécessaire de tels états « neutres » de la conscience de soi, indépendants mais, insiste-t-il, totalement indéfinissables et expérimentalement inaccessibles. Kant rappelait de la sorte ses deux aperceptions, celle transcendantale, inaccessible, et l'autre simplement empirique et proche de Hume. Or les attitudes médiatives orientales (et leurs dérivées) peuvent effectivement susciter à nouveau l'interrogation. Ne serait-on pas en présence, chez le méditant exercé, de l'exagération de l'un ou l'autre mécanisme psychique qui, chez l'individu non entraîné, n'est qu'exceptionnel, des modifications de la conscience de soi, favorisées aussi, nous le pensons, par l'effet des facteurs d'isolement et d'immobilisation qui viennent d'être analysés ci-dessus ? Évoquer de la sorte Hume et Kant à propos de la méditation ouvre peut-être une intéressante perspective sur la structure de l'esprit.

QUELQUES ÉTUDES NEUROPHYSIOLOGIQUES

Les analyses neurophysiologiques de la méditation méritent tout notre intérêt. Certaines sont relativement anciennes et portent sur des méditants en relaxation, mais sans que soient précisées davantage les conditions. Elles confirment plus ou moins la corrélation bien connue entre l'abondance de rythmes de type alpha et l'état de relaxation. Il est cependant une observation à retenir. Dans les conditions normales, le rythme alpha s'arrête sous l'effet d'un stimulus lumineux soudain, et cette réaction d'arrêt est classiquement de moins en moins nette lors de la répétition des stimulus. Or, chez les sujets sous méditation « ouverte », où l'attention tend à ne pas se réduire au cours du temps, la réaction d'arrêt persiste et l'habituation ne se produit pas, ce qui sans doute est à mettre au compte de la modification du versant attentionnel. D'autres études plus récentes (Lutz *et al.*, 2008) ont porté sur les deux modalités bouddhiques définies ci-dessus, tout en prenant en compte l'ancienneté d'exercice des sujets dans la méditation :

– *En attention focalisée (AF) maintenue* : les explorations (EEG ou IRMf) désignent, comme celles de l'attention en général, la même diversité de structures : pour le contrôle préalable de la situation, le cingulum antérieur et le cortex préfrontal dorsolatéral ; pour l'attention sélective, la jonction corticale temporo-pariétale, le cortex préfrontal, ventro-latéral, le champ oculomoteur frontal et le sillon intrapariétal ; pour le maintien de cette attention soutenue, les aires pariétales et frontales droites. À niveaux comparables d'AF, les activations nerveuses diminuent d'importance, du novice au méditant exercé, comme aussi les efforts ressentis.

– *En situation de méditation ouverte* (MO), avec attention à tout ce qui se passe, sans nécessaire fixation, conscience d'objets, sans effort de concentration : le champ d'appréhension se trouve élargi avec, possiblement, un arrière-plan émotionnel. Les structures activées en méditation ouverte sont diverses et ne sont, en aucun cas, les mêmes qu'en méditation AF. Ce sont celles impliquées dans le maintien de la vigilance, dans l'introspection ou la perception de réponses corporelles, liées à l'homéostasie – insula, cortex somato-sensoriel, cingulum antérieur – et, bien entendu, à l'émotion –, d'où l'importance des régulations préfrontales de l'activité limbique. Les études en IRM et en EEG se sont révélées très utiles à cet égard.

Vers d'autres perspectives

Tels sont donc quelques essais d'analyse de la méditation par la neuroscience. D'autres études suivront, n'en doutons pas. Souhaitons qu'elles puissent, peut-être mieux que jusqu'ici, conduire à saisir la véritable spécificité de l'activité méditative, qui peut-être est à découvrir dans son si grand halo émotionnel. Au final, ces positions, figures gestuelles ou mouvements stéréotypés avec association éventuelle de la voix sont souvent vus comme non nécessaires à la méditation, comme des accompagnements sans signification, sinon celle d'une imitation sociale – lorsque la manifestation est collective. Le point de vue développé ici pour les attitudes posturales ou les activités gestuelles va à l'opposé : c'est parce que le sujet en prière ou en méditation adopte une certaine posture ou une certaine séquence de mouvements que son entrée en méditation est favorisée ou à la limite incitée, et que son élan et sa quête spirituels trouvent leur pleine réalisation.

Nous conclurions volontiers en évoquant maintenant des contributions qui peuvent retenir l'attention : celle d'un grand de la neuropsychologie, J. de Ajuriaguerra (1964), qui a eu l'intuition de l'importance de la posture et de l'immobilisation dans la dynamique psychologique de certains de ses patients, mais aussi celle de quelques psychanalystes, avec lesquelles nous sommes bien obligé de reconnaître, à ce niveau, un accord...

Sous le titre *La Psychothérapie corporelle de relaxation*, J. de Ajuriaguerra, cherchant à comprendre les pathologies réfractaires à la psychothérapie avec accès direct par le langage, a mis en lumière, grâce à ses travaux sur les relations corporelles mère/enfant, une autre classe de dialogue, dit tonico-émotionnel, basé sur le jeu du tonus musculaire, sa mise en tension accompagnant le déplaisir et la relaxation signant la satisfaction. Par cette médiation corporelle, le patient apprend à percevoir son propre jeu du corps, et il est ainsi possible de réintroduire un lien affectif patient/thérapeute dans la relation thérapeutique. Cette psychothérapie de relaxation apporte une médiation perceptivo-corporelle qui pallie les insuffisances langagières du patient.

Un autre travail (Cherpillod, Koralnik et Ajuriaguerra, 1964) porte sur les désordres psychosensoriels par désafférentation au cours de la curarisation des tétanos. Il s'agit de la découverte fortuite de troubles de la conscience et de modifications des perceptions sensorielles chez un patient atteint de tétanos et immobilisé par curarisation. Cette observation a conduit l'équipe à chercher l'origine de ces troubles. Celle-ci a pu mettre en évidence sous curarisation un sentiment paradoxal de bien-être allant jusqu'à un état oniroïde distinct du rêve. Les notions de temps et d'espace étaient souvent perturbées, avec des hallucinations visuelles ou auditives. Ces deux travaux illustrent bien, sous deux aspects, l'importance des informations afférentes corporelles, superficielles et profondes sans doute, sur la dynamique psychique.

On ne manquera pas non plus de signaler à quel point nos conclusions rejoignent celle d'une forme particulière, apparemment peu pratiquée, de technique psychanalytique. C'est le cas quand on lit, sous la plume de Monique Dechaud-Ferbus et Marie-Lise Roux, parlant de l'importance du corps sur la psyché (Dechaud-Ferbus, Roux, 1993) : « Toutes les observations concernant les carences de stimulation, qu'elles soient involontaires ou volontaires au cours des travaux sur la désafférentation, nous montrent que notre équilibre psychique est tributaire d'un flux permanent de stimulations dont le tarissement provoque une désorganisation perceptive, psychique, affective, une véritable déstructuration du moi. »

CHAPITRE 6

THÉORIES ET MODÈLES

La conscience n'est pas la seule instance mentale qui ait fait et fasse toujours l'objet de tentatives d'explications, de schématisation globale, de théories et de modélisation. D'autres fonctions cérébrales connaissent une semblable attirance, qu'il s'agisse du sommeil, de la locomotion ou du cycle circadien, pour n'en citer que certains. Toutefois, la conscience occupe, avec son mystère et sa complexité, une façon de sommet où se retrouve toute une gamme d'observations plus ou moins éparses dont certaines ont déjà été mentionnées dans d'autres chapitres.

Conscience, activités rythmiques et liage

> *« Eh oui, mon petit Balthazar, nous avons enregistré tant de rythmes, chez de jolis chats comme toi ! Mais nous n'avons jamais su dire si, vraiment, nous observions leur conscience. »*

Les tentatives pour établir un lien entre certaines formes d'activité neuronale et l'activité mentale n'ont évidemment pas manqué, en particulier au cours des trente dernières années, lorsque des expérimentateurs ont commencé à inscrire l'activité mentale dans leur programme scientifique. Schématiquement, trois types de mécanismes neuronaux ont été proposés, tous plus ou moins associés au liage interneuronal.

1. L'information serait rassemblée par des neurones isolés d'ordre supérieur dits neurones de liage ; pour d'autres, ce seraient les *grand mother cells,* sites de convergence des informations venues de neurones inférieurs. Toutefois, un tel système manque sans doute de souplesse, et surtout on le voit mal permettre d'« inventer » de nouveaux objets.

2. Le liage serait opéré par des assemblées de cellules qui organiseraient leurs connexions selon une configuration associée à tel ou tel objet. Le système est cette fois manifestement plus flexible. Toutefois, dans une telle hypothèse, dont Hebb a sans doute été l'initiateur (1949), comment un neurone qui est tantôt dans un circuit pour un objet A et tantôt dans un autre circuit pour un objet B se comportera-t-il lorsque A et B seront présentés simultanément ?

3. Le liage serait réalisé par synchronisation des décharges de sous-populations de neurones spatialement distants. Bien que des vues hypothétiques dans ce sens soient déjà anciennes, elles ne sont devenues scientifiquement valables qu'après que des explorations neuronales unitaires ont apporté des données permettant de dresser des hypothèses. La plus importante est que ce sont les rythmes éléctrophysiologiques principalement du cortex cérébral qui sous-tendent, selon toute vraisemblance, la synchronisation des décharges de groupes de neurones immédiatement voisins ou même séparés d'une certaine distance.

Ainsi a été marquée une étape nouvelle dans l'analyse de la dynamique cérébrale[1]. Prévue par les théoriciens, elle

---

1. Pour certains théoriciens dont Mashour (2004), la coexistence de la conscience et du temps introduit un paradoxe. Celui-ci exigerait l'introduction d'une théorie qu'ils disent contre-intuitive, mais qui incorpore des composantes non temporelles et non spatiales dans la liaison et la conscience. Ce point de vue philosophique ne sera pas développé ici.

a très vite trouvé dans ces événements neuronaux un substrat physiologique possible. Quelles que soient leur fréquence, leur localisation et leur amplitude, on s'accorde pour leur reconnaître la signification d'un recrutement de nombreux neurones et d'une synchronisation de leurs décharges dans un ensemble de réseaux neuronaux. Autre acquis essentiel : ces rythmes se développent dans des conditions où le sujet, animal ou humain, développe une activité mentale relativement caractérisable (Krick et Koch, 1998, 2000, 2003, 2006). Sont venues alors des interprétations neuronales dont nous retiendrons, en particulier, celle de Llinas (Llinas *et al.*, 1994) et celle du groupe de Singer (Singer *et al.*, 1999, 2001).

Les modèles de Llinas et de Singer

Ces modèles sont tous deux basés sur le macrophénomène que constituent les trains d'activité électro-corticale et les décharges neuronales corticales et thalamiques qui peuvent les accompagner. L'activité corticale significative est en général rythmique, de durée très variable (quelques secondes à des minutes), à diverses fréquences (mais surtout autour de 20-40 Hz, désignées alors par les termes de bêta ou gamma selon les écoles, mais plus volontiers appelées aujourd'hui « rythmes rapides[2] »). Ces activités corticales globales sont recueillies en surface du cortex, et leur sont donc associés des enregistrements (par micro-électrode) de l'activité unitaire de neurones intracorticaux ou le cas échéant thalamiques. Ces dernières rapportent de la sorte l'installation, dans les couches cellulaires corticales, d'une

---

2. Des subtilités distinguent les rythmes des deux classes pour les uns ; pour d'autres, il ne s'agit que de traditions d'école. Une discussion détaillée de ce point n'apporterait aucune idée nouvelle.

cohérence temporelle entre éléments interconnectés, c'est-
à-dire d'une synchronisation d'un ensemble neuronal, cette
dernière pouvant s'étendre à d'autres unités plus lointaines
en les « recrutant » par liage temporo-spatial. Et ce sont ces
épisodes de synchronisations qui, d'une manière ou d'une
autre, sont devenus pour ces chercheurs les phénomènes
dynamiques clés pour « expliquer l'activité consciente », en
en devenant les corrélats neuronaux.

Dans l'écorce cérébrale, l'information (Engel *et al.*,
1999) est essentiellement parallèle et distribuée. Comment
alors cette information peut-elle être intégrée et comment
des états représentationnels cohérents peuvent-ils être créés
dans ce système neuronal si distribué ? Autre question :
dans quelle mesure la synchronisation temporaire des activités neurales proposée comme corrélat de la perception
consciente peut-elle aussi apparaître lorsque la cible présentée est présumée inconsciente pour le sujet ? Il a en effet
été montré que des mots perçus et des mots non perçus
causent une augmentation similaire locale des rythmes
rapides, mais que seuls les mots perçus entraînent une synchronisation à longue distance à travers des territoires éloi-
gnés du cerveau (Melloni *et al.*, 2007).

Llinas et son équipe (Llinas *et al.*, 1994) proposent un
modèle neurophysiologique complexe pour ce mécanisme.
Ils situent le processus conscientiel comme résultant du jeu
de deux classes de circuits où interviennent également
divers noyaux thalamiques. Une première boucle implique
les aires sensorielles et motrices corticales primaires et les
noyaux thalamiques spécifiques correspondants ; elle donne
naissance à des rythmes électrophysiologiques autour de
40 Hz[3]. Des connexions collatérales se détachent de ce circuit pour déterminer des effets inhibiteurs et, à travers un
autre noyau thalamique dit reticularis, pour se connecter
à une deuxième boucle thalamocoriicale constituée, cette

---

3. Par un jeu d'interneurones inhibiteurs.

fois, des noyaux thalamiques dits non spécifiques ou intra-laminaires, l'agent de liaison étant précisément la rythmi-cité neuronale autour de 40 Hz. La conjonction des boucles spécifique et non spécifique serait ici l'agent du *binding* temporel au cours des oscillations (voir la figure 10 et sa légende).

D'autres études ont porté sur la même classe d'oscilla-tions, mais ont cherché à aller plus loin que la seule cor-rélation. Singer s'est ainsi efforcé de saisir d'aussi près que possible un lien causal entre signal électrophysiologique et activité cérébrale (Engel, 1999) : comment l'information qui est essentiellement parallèle et distribuée peut-elle être inté-grée et comment des états représentationnels cohérents peuvent-ils être créés dans ce système neuronal si distribué ? Sans résoudre réellement le problème, Singer (Singer, 2001) a lancé l'idée que ce serait de la capacité d'être conscient de ses propres sensations et de ses vécus que naîtrait (dans un cerveau suffisamment évolué) celle d'analyser ses propres processus cognitifs, en réappliquant à soi-même les opérations corticales utilisées pour interpréter les signaux du monde externe, autrement dit par une métareprésentation. La recherche du substrat de la conscience reviendrait à celle de la nature des représentations neuronales. Cette opération utiliserait deux stratégies complémentaires : identifier des neurones modulés par les signaux entrants et répondant sélectivement à une configuration donnée ; puis associer dynamiquement ces cellules spécifiques en assemblées fonc-tionnellement cohérentes, représentant la caractéristique de l'objet. Cette deuxième stratégie reposerait sur l'opération de liage spécifique par synchronisation transitoire des décharges des neurones impliqués. Ces assemblées s'auto-organiseraient ainsi grâce à des interactions réciproques dont la signature est la synchronisation transitoire de décharges (Engel et Singer, 2001).

Les deux modèles ci-dessus (ainsi que certains autres, voisins mais non cités) retiennent l'attention. L'un pose une

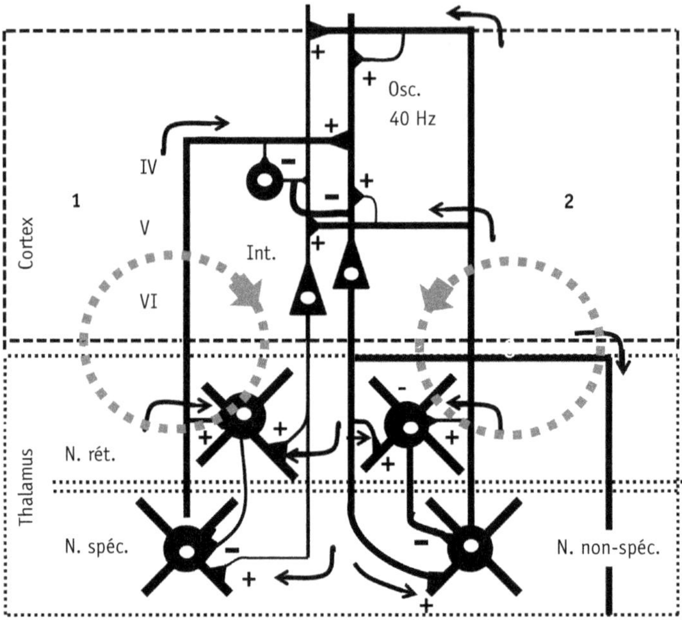

Figure 10. Circuits susceptibles d'expliquer la genèse des rythmes impliqués dans les opérations cortico-thalamiques liées à la conscience.
Deux circuits en boucle thalamo-corticale sont considérés : l'un (1, à gauche), dit spécifique à fonction sensorielle ou motrice (N. spéc.), et l'autre (2, à droite), de connexion entre le cortex et les noyaux non spécifiques du thalamus (N. non spéc.). Le circuit (1) engendre des oscillations (en principe 40 Hz) dans sa boucle, grâce aux petits inter-neurones inhibiteurs corticaux, avec retour par neurone long sur le thalamus (Int.), assurant ainsi un circuit oscillatoire en boucle (flèche gauche tournant vers la droite). Des éléments de cette boucle agiraient aussi par les cellules du nucleus réticularis du thalamus (N. rét.) pour répercuter ainsi l'oscillation sur la boucle non spécifique de droite. La flèche de droite tournant vers la gauche figure cette deuxième circulation d'influx ainsi générée dans le circuit intralaminaire. Il est proposé que l'interaction de ces deux boucles s'entraînant mutuellement assure le liage temporel (*temporal binding*). Le rectangle pointillé supérieur délimite le contour de l'épaisseur du cortex cérébral. On a repéré les couches coricales cytoarchitectoniques IV, V et VI. Le contour inférieur pointillé désigne le thalamus avec une séparation faite entre le nucleus reticularis (N. rét) et les autres noyaux, spécifiques et non spécifiques. D'après Llinas R. et Paré D., 1996.

question jusqu'ici non évoquée, à savoir le rôle du thalamus dans la conscience et, plus généralement, *a contrario*, amène à se demander si la conscience n'est que le privilège du cortex (surtout du néocortex), et le thalamus un support accessoire, ou bien si la conscience relève de circuits thalamo- et striato-corticaux. Peut-être la recherche de caractéristiques structurales et/ou fonctionnelles nouvelles et particulières de certains neurones ouvrira-t-elle une voie nouvelle. Quant au modèle de Singer, il frappe par sa complexité et sans doute aussi par sa richesse conceptuelle.

La conscience, processus multicentrique ou localisé ?

En ménageant un deuxième compartiment à cet examen des mécanismes possibles de la conscience, notre souci n'est pas d'opposer bien entendu, car, dans ce problème difficile, nul ne peut prétendre détenir la vérité. Simplement, nous avons groupé ci-dessous une série de modèles qui, sans pour autant négliger l'importance de tel ou tel mécanisme identifié par marquage neurobiologique ou hémodynamique, vont plus loin, se situent à une échelle plus globale, plus neuro-topographique, vers un inventaire des divers circuits cérébraux qui interviennent dans l'intégration consciente.

DE CHALMERS À DEHAENE

David Chalmers est le plus difficile peut-être à situer. Il a une stratégie non réductrice de perception de la conscience. Il faut, écrit-il, faire la différence entre des problèmes « difficiles » et des problèmes « faciles[4] ». Ces derniers sont ceux qui sont maintenant ou seront plus tard aussi abordables avec les méthodes standard des sciences cognitives. La conscience, elle, est d'une nature qui résiste à ces méthodes, et c'est là « le problème difficile » (*the difficult problem*) ; comment passer à l'expérience phénoménale subjective qu'elle représente ? Chalmers semble à cet égard bien pessimiste, avec une liste de questions devenues classiques, largement posées avant lui et qui débouchent sur le fait que l'explication par les seuls événements physiques du cerveau n'est pas possible et doit l'être par des événements non physiques. La question est alors de savoir ce qui, en dehors de la théorie physique, peut expliquer la conscience. Chalmers n'est pas convaincu par les diverses hypothèses contemporaines d'explication du subjectif par le neural (liaisons interneuronales témoins d'un liage, etc.) dont il est largement question ailleurs (Chalmers, 1995). La conscience doit, écrit-il, être expliquée en utilisant des moyens non physiques. La critique la plus serrée contre Chalmers est venue de philosophes comme Daniel Dennett (Dennett, 1995) qui ne veulent pas accepter l'idée du « problème difficile ». Pour Dennett, il y sera répondu en résolvant les problèmes faciles. Selon lui, bien connaître la conscience signifie la voir disparaître. Ces critiques de Dennett ont été réfutées par Chalmers comme aussi par Nagel et par Searle (Searle, 1997) qui estiment leur hypothèse compatible avec d'autres modèles proposés jusqu'ici.

Arrêtons-nous maintenant aux propositions sans nul doute plus constructives de Bernard Baars (Baars, 1988). Celui-ci imagine l'architecture cognitive d'un système qui

---

4. Voici un écho des profonds tourments de Chalmers qui écrit : « Le problème fondamental est de ne pouvoir expliquer comment des mécanismes objectifs peuvent engendrer des expériences subjectives, en dépit des efforts valables et intéressants pour en trouver quelque solution. » Il ajoute toutefois : « Le problème difficile est un problème difficile, mais rien n'oblige à croire qu'il restera toujours sans solution » (Chalmers, 1996).

pourrait traiter qualitativement un grand nombre de processus conscients et inconscients, soit psychologiques, soit nerveux (Baars, 1997). Il conçoit ce qu'il dénomme un « espace global de travail » (en anglais, *global workspace* ou GWS), vu métaphoriquement comme un théâtre : la conscience y joue le spot lumineux situé sur la scène, et la mémoire de travail est dirigée par ce faisceau lumineux, ce qui représente l'« attention guidée ». Le reste du théâtre est sombre et constitue l'inconscient. Le GWS peut établir des communications en parallèle avec un nombre de processeurs cérébraux qui sont non conscients. Quand ces processeurs veulent communiquer l'information au reste du système, ils passent par le système global qui joue alors le rôle de « tableau noir commun » accessible à l'ensemble des autres processeurs. Derrière la scène se trouvent des systèmes contextuels qui façonnent les contenus conscients sans jamais devenir conscients eux-mêmes. Le rôle primordial de la conscience est donc de constituer ce « tableau noir » pour intégrer, ouvrir l'accès et coordonner le fonctionnement de tout un ensemble de réseaux qui, par ailleurs, agissent de manière autonome. Elle est l'agent premier de cet accès global, chez l'homme et certains mammifères.

Toutefois, il faut bien le constater : pas beaucoup plus que Chalmers, Baars, malgré ses astucieux circuits plus récemment largement discutés et confortés, nous le verrons, n'explique comment l'information, stockée dans le processeur global, est *vécue* comme telle. Tout ce qu'on peut faire est de constater que c'est parce qu'elle se trouve dans ce processeur et qu'elle est globalement accessible qu'elle devient expérience vécue. Et pourquoi ? Ici encore, nulle réponse à cette question ; le modèle a finalement bien des éléments en commun avec tant d'autres[5] ; toujours subsiste

---

5. Qu'il s'agisse du *neural darwinism model* d'Edelman (1989), du *multiple drafts model* de Dennett (1991) ou de l'*intermediate level theory* de Jackendoff (1988).

le mystère du franchissement du passage O → S. Avec quelle stratégie[6] ? Ressurgissent alors les tentatives pour combler le « vide d'explication ». Certes, avec Baars, on est attiré par l'idée proposée de se baser sur des vécus conscients élémentaires qui serviraient à bâtir la complexité, en se fondant non seulement sur l'introspection, mais sur les rapports verbaux, pour finalement adopter la vue que la conscience ne peut être réduite en termes non phénoménaux. Ce qui laisse de toute évidence non résolu le « problème difficile » de Chalmers. Il faudrait, en somme, en rester à cette impossibilité de résoudre cette question.

De leur côté, Dehaene et son équipe ont élaboré leur propre modélisation de la conscience à partir de la théorie du GWS de Baars. En se fondant sur les analyses d'imagerie fonctionnelle de deux opérations impliquant ou non la conscience, le masquage et le clin d'œil attentionnel (*attentional blink*), ils concluent que la conscience visuelle d'un stimulus peut se traduire au niveau cérébral soit par l'activation précoce du lobe occipital, soit par celle intervenant un peu plus tard dans le cortex pariéto-frontal, soit encore par l'activation du thalamus (Dehaene *et al.*, 2006). Toutefois, cette perception est elle-même conditionnée par des facteurs sur lesquels ils insistent.

Outre l'intensité du stimulus, qui est évidente, deux actions latérales conditionnent cette prise de conscience. Il y a, d'une part, l'action « ascendante » des centres, en particulier mésencéphaliques, d'entretien de la vigilance (contrôle du niveau de veille ou sommeil) ; l'accès des inci-

---

6. La première stratégie pourrait être d'en rester là. La deuxième consisterait à nier le phénomène : avoir parlé d'accessibilité, de reportabilité, suffirait, l'expérience ne serait tout simplement pas à expliquer (Allport, 1988 ; Dennett, 1991). Une autre stratégie serait d'admettre tout simplement que, à ce point, le vécu est expliqué (Flohr, 1992 ; Humphrey, 1992). La quatrième piste suggère d'analyser davantage ce qu'est la structure de ce vécu et, dès lors, de tenter d'en isoler le substrat et le mécanisme.

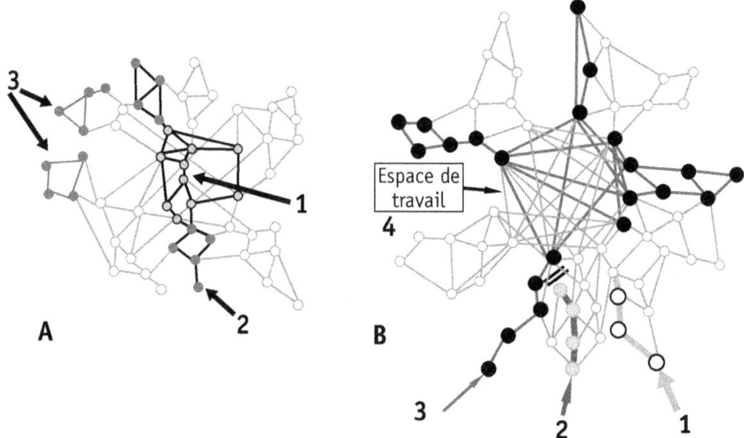

Figure 11. Ensemble de circuits corticaux et thalamiques susceptibles d'expliquer les niveaux conscient-inconscient.

Schéma A : ensemble de circuits initialement formalisé par Baars, et adopté et modifié par Dehaene et Changeux, et constituant l'« espace global de travail ». Dans cette première présentation simplifiée se situent autour de l'« espace » (1) et, à l'instant considéré, deux sous-systèmes : l'un (2) participe à l'espace de travail global et est donc entré dans la conscience, tandis que l'autre (3) n'est pas connecté à l'espace de travail et reste inconscient. D'après Dehaene S., Sergent C., Changeux J.-P., 2003.

Schéma B : cette fois, et contrairement au modèle initial de Baars qui ne distinguait qu'un état conscient et de multiples états inconscients, sont distingués trois états d'activation possibles : un premier niveau (1) de traitement subliminal où l'activation n'est pas suffisante pour déclencher un état d'activation à grande échelle dans le réseau ; un deuxième niveau (2) préconscient qui possède suffisamment d'activation pour accéder à la conscience, mais qui est temporairement mis en veilleuse par manque d'attention (noter le site de passage vers l'espace global) ; un troisième niveau (3) conscient, qui envahit l'espace de travail global (4) lorsqu'un stimulus préconscient reçoit suffisamment d'attention pour franchir le seuil de la conscience. D'après Dehaene S., Changeux J.-P., Naccache L., Sackur J., Sergent C., 2006.

tations périphériques à la conscience corticale ne peut se faire que sous un niveau suffisant d'activation des structures réticulaires profondes, elles-mêmes sollicitées, on le sait, par les afférences sensorielles. D'autre part, il faut l'action du deuxième facteur qu'est l'attention. Car, s'il y a inattention, l'activation ascendante évoquée ci-dessus des zones perceptives peut être très forte, mais sans qu'il y ait pour autant accès à la conscience. Ainsi, une activation intense des zones perceptives peut s'accompagner d'une absence totale de perception consciente. Il faut, en effet, que le stimulus perçu atteigne les zones de traitement du cortex, parfois éloignées. S'il les atteint, alors deux situations peuvent se créer : ou bien l'information consciente peut se réverbérer et alors s'ancrer dans la mémoire, ou bien elle se propagera vers n'importe quel autre système cérébral.

Le point important est donc l'existence de ces deux fonctions modulatrices qui sont susceptibles d'agir indépendamment, ce qui peut créer plusieurs situations distinctes selon que la vigilance et/ou l'intensité du stimulus (effets ascendants) sont faibles ou fortes et que l'attention (effet descendant) est faible ou forte. On retiendra que cette combinatoire ménage deux situations à l'inconscient (avec ou sans attention), une situation de pleine conscience (vigilance et attention élevées) et, enfin, une situation dite de préconscience, avec actions ascendantes élevées et inattention.

Dans une revue plus récente, le même groupe s'est efforcé d'établir un lien causal (celui que l'on cherche tant !) entre l'expérience subjective consciente et l'activité neuronale mesurable qui est sa source : quelle transition, en effet, pour qu'un traitement non conscient atteigne le traitement conscient, et l'émergence d'une expérience subjective ? Se basant sur des données imagières et physiologiques, Dehaene et son équipe mettent cette opération au compte des liaisons par synchronisations cortico-corticales à longue distance et d'activations de larges réseaux préfrontopariétaux (Dehaene *et al.*, 2011). Élargissant les conclusions de Baars, ils insistent de la sorte sur l'importance, pour la transition O → S, que l'accès conscient se produise quand l'information entrante est rendue accessible à plusieurs systèmes cérébraux à travers un réseau de neurones à axones longs à large distribution préfrontale pariétale et cingulaire. Nous y reviendrons plus loin.

AUTOUR DE LA LONGUEUR DES CIRCUITS IMPLIQUÉS

L'un des points essentiels de discussion reste donc l'importance de l'intervention du système de connexions longues dans l'opération de perception consciente visuelle[7]. À cet égard, il est des opinions divergentes dont les arguments ne peuvent être ignorés actuellement.

On peut citer ainsi la théorie dite HOT (*Higher Order Theory*) selon laquelle une expérience visuelle ne devient phénoménalement consciente que si elle est accompagnée d'un autre état associé, métacognitif, lié à la participation active des territoires antérieurs pariéto-préfrontaux (Carruthers, 2011 ; Lau et Rosenthal, 2011[8]). Ainsi, pour Rosenthal, la conscience du rouge dépend-elle de trois facteurs : une représentation du « rouge », une pensée d'un ordre supérieur et une liaison entre les deux états mentaux précédents. Chaque ingrédient peut exister isolément, dans la conscience ; si le sujet a une représentation inconsciente du rouge, et forme une pensée inconsciente sur la représentation du rouge, la représentation du rouge deviendra automatiquement consciente. Autrement dit, le conscient

---

7. N'oublions pas que la grande majorité des hypothèses concernent le système de perception visuelle, la plus explorée et sans doute la mieux connue (ou la moins inconnue).

8. En pratique pour ces derniers, les aires B#46, B#9 et, éventuellement, B#10 (voir annexe).

peut selon cette théorie venir de l'association de plusieurs données inconscientes simultanées.

D'autres chercheurs ont adopté la position inverse. Block se réfère ainsi à une expérience visuelle très particulière, celle de la cible en mouvement (Gazzaniga, 2009). Elle est, on le sait, liée à l'activation de l'aire V5/MT du cortex visuel, aire dont les cellules réagissent au mouvement des cibles dans l'espace. On sait, d'autre part, que, par TMS de MT/V5, on peut évoquer des « phosphènes mouvants », représentations conscientes prises en compte par le sujet (Pascual-Leone *et al.*, 2000). Il semble même que l'aire V1 bénéficie d'un retour de V5 et que les opérations se passent par conséquent à un niveau bas dans la voie d'intégration visuelle, et n'exige en tout cas pas une boucle longue. La conclusion est, cette fois, nettement en faveur d'un voisinage spatial des processus perceptif et conscientiel.

D'autres observations vont encore plus loin, en associant étroitement les sites de perception et de conscience. Pour Zeki, par exemple, la conscience ne peut pas être vue comme unitaire (Zeki, 2003). Il donne l'exemple de deux qualités visuelles précises, la couleur et le mouvement. Chez l'homme, la fonction de couleur se situe en l'aire V4 et la fonction du mouvement en V5. Ces deux systèmes sont susceptibles d'interagir, mais sont essentiellement différents. Des lésions localisées conduisent ainsi à des syndromes cliniques distincts : l'achromatopsie pour la lésion de V4 et l'akinétopsie pour la lésion de V5, et ce indépendamment. Il s'agit en somme de « microconsciences ». Dans ces conditions, Zeki admet, contrairement aux autres théories rapportées ci-dessus, que le site de traitement de l'information est aussi le site de perception consciente. Cette indépendance des perceptions conscientes des diverses qualités est parfaitement confirmée puisqu'on a pu montrer qu'elles n'apparaissaient pas simultanément dans une perception : la couleur apparaît avant le mouvement, le décalage étant de l'ordre de 80 ms, tandis que la localisation est perçue avant la couleur qui est perçue avant l'orientation ; ces décalages sont dus à des différences de temps de traitement. Vu de la sorte, on se trouve devant un échelonnement des « microconsciences ». Ces données posent un problème au regard du *binding*. Or on a constaté que les instants d'activité des aires V4 et V5 n'étaient pas parfaitement simultanés et qu'il n'existait, par ailleurs, pas de liens anatomiques abondants directs entre ces territoires. Zeki distingue ainsi trois étages de conscience : celui des microconsciences, puis celui des macroconsciences et celui de la conscience unifiée. Il y aurait une hiérarchie temporelle pour les micro- ainsi que pour les macroconsciences, alors même que le résultat final doit être une conscience unifiée, ce qui impose, on peut le penser, des contraintes au niveau des connexions de liaisons.

TONONI ET LA CONSCIENCE INTÉGRÉE

Tononi a repris, dans un aperçu assez théorique, deux démarches essentielles de notre expérience consciente : l'information, son pouvoir de différencier un nombre incalculable d'expériences distinctes, et l'intégration, son pouvoir de donner au final à nos percepts ou pensées conscientes le caractère d'expériences intégrées (Tononi, 2004). Ce que fera la conscience sera d'intégrer les données en une image complexe qui ne pourra pas être redécomposée par l'observateur en une collection de sous-ensembles causalement indépendants. La création de cette unité de l'expérience serait liée à des interactions causales entre éléments anatomiques cérébraux. Et c'est ce processus qui aboutirait selon Tononi à une expérience subjective intégrée (*Integrated Information Theory*, ou IIT). Quantitativement, la conscience serait faite de sous-ensembles qui reçoivent chacun, à chaque instant, un nombre Φ d'impacts, variable selon le sous-ensemble. Certains d'entre eux constitueront des complexes où les neurones seront les uns actifs, les autres non, pour former l'information intégrée. Un cerveau contient sans doute plusieurs complexes, mais, à un certain instant, peut exister un complexe principal avec un Φ élevé sous-jacent et dont l'expérience sera dominante.

Selon cette hypothèse, chaque *qualia* serait lié à la forme géométrique particulière associée aux relations informationnelles entre les neurones à l'intérieur d'un complexe : c'est la quantité Φ d'information intégrée, exclusivement engendrée dans les complexes, qui sera, estime-t-il, nécessairement subjective. Du fait que la formation des complexes dépend du degré d'interconnexions entre les structures, on peut comprendre que des différences d'architectonique dictent, par leur niveau d'importance, les opérations d'intégration conscientielle, en particulier les systèmes corticaux et thalamo-corticaux. C'est là que se créeraient des Φ spatio-temporels à la base de l'expérience qualitative. Tononi pense avoir ainsi avancé dans l'exploration du *gap*, autrement dit dans l'appréhension de la subjectivité. Il est vrai que l'importance qu'il donne à la complexité de l'expérience consciente et surtout la part faite à la « création géométrique » des objets de la pensée, comme élément d'une expérience subjective, sont peut-être à retenir.

UN MODÈLE AUTOUR DE LA TRADUCTION NEURO-MENTALE

Après ce long trajet, revenons à notre hypothèse des traducteurs neuro-mentaux esquissée en début de l'ouvrage (voir chapitre premier). À considérer les divers modèles ci-dessus, elle mérite qu'on s'y attarde quelque peu, sous réserve de ne pas négliger son niveau de référence, c'est-à-dire le niveau élémentaire des interfaces interdomaines hypothétiques que nous avons isolées d'une part entre l'information afférente et le domaine central de la conscience, d'autre part entre ledit domaine central et l'interface vers la commande motrice. Le schéma ci-dessous illustre deux classes de domaines conscientiels élémentaires (DCE), avec tout à la fois leur fragment d'espace conscientiel (ombré) et un contour d'inconscient (texturé). Les DCE d'entrée (A) et de sortie (B) sont supposés participer d'un espace conscientiel global du type GWS de Baars. Chaque DCE comporte une plage de contact (PC) entre le domaine externe neural n et le domaine interne mental m. Les plages de contact d'entrée (e) et de sortie (s) sont hypothétiquement supposées abriter des traducteurs destinés à l'opération adéquate : [μ_e] en (e) [neural $\rightarrow$ mental] et [μ_s] en (s) [mental $\rightarrow$ neural].

Sur la plage de contact d'entrée (e) sont imaginés frapper des signaux nerveux afférents O1 à O5. O1, O2, O4 et O5 sont supposés de même intensité supraliminaire ; O3 est, en revanche, infraliminaire. C'est à ce niveau qu'agit l'instance AS, phare d'attention sélective focalisée (dont l'importance est largement soulignée aussi dans un modèle ci-dessus). À l'instant t de l'image, le « choix » de AS implique, dans son foyer central (cercle blanc), les signaux O1 O2 et O3 et, dans sa frange périphérique (ombre claire), le signal O4. Les signaux O1 et O2 seront traduits en signaux mentaux conscients S1 et S2 respectivement. En revanche, l'afférent O3 sous-liminaire ne sera pas traduit malgré sa situation dans le foyer du phare : il pourra demeurer un mental S inconscient. Le signal O4 qui frappe la frange ne donnera, quant à lui, qu'une traduction mentale S4 « potentiellement » accessible à la conscience (on peut ici parler de « préconsciente[9] »). Enfin, O5, hors frange attentionnelle, restera à cet instant un signal mental S inconscient. Notons, pour compléter cet examen du domaine conscientiel DCE afférent, que l'attention AS est elle-même supposée être influencée en retour par la conscience (selon BR, boucle de contrôle rétroactif).

---

9. Terme que je n'utilise pas volontiers, mais qui, dans le cas précis, définit une situation particulière du stimulus bien isolée par Dehaene (figure 116).

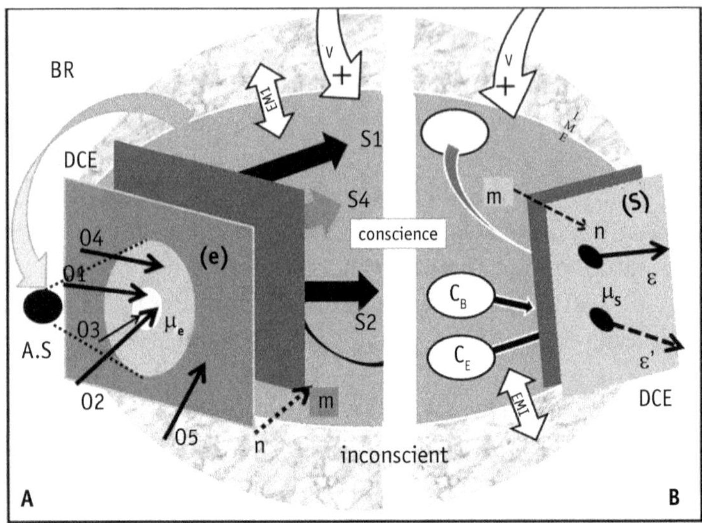

Figure 12. Autres schémas de circuits conscient-inconscient, cette fois situés à une échelle structurale inférieure.

On présente des circuits liés à l'activité de la conscience, sur le versant des afférences (A) et celui des efférences (B). Afin d'éviter les redondances, l'essentiel de l'explication de ces figures se trouve dans le texte ci-joint. On se limitera ici aux symboles.

Schéma A : élément de base du domaine conscientiel (DCE) des afférences. O1 à O5 : messages afférents « objectifs » ; AS : « phare » de l'attention sélective focalisée ; (e) : plage de contact (PC) d'entrée avec traducteurs μ_e. La flèche tiretée indique la polarité n → m de ce système d'entrée. S1, S2, S4 : voies « subjectives » de sortie intraconscientielles après traduction des entrées, respectivement O1, O2 et O4 ; BR : boucle de contrôle rétroactif de la conscience vers le phare attentionnel AS.

Schéma B : domaine conscientiel élémentaire des commandes effectives. (S) : plage de contact de sortie vers le domaine objectif avec traducteurs (μ_s), symbolisé par deux voies de commande effectrices ε et ε'. La polarité du compartiment est donnée par la flèche tiretée, selon m → n. C_A, C_B, C_E : centres élaborateurs de commandes et de programmes d'activités diverses par la conscience.

Autre point essentiel enfin : l'ensemble du système DCE est, bien entendu, contrôlé :

a) par le niveau de *vigilance* (V), instance « non spécifique » d'activation liée aux sollicitations sensorielles ;

b) par des *mémoires* M, actives au niveau soit conscient explicite E, soit inconscient implicite I (EMI) ;

c) par l'ensemble (non représenté) des sollicitations affectives au rôle modulateur fondamental.

Suivons à présent l'élaboration dans le DCE des efférences et de la motricité. On y a prévu des niveaux de réseaux centraux C_A, C_B et C_E. Ils sont susceptibles soit d'être activés par des sollicitations internes S de la conscience, soit d'engendrer « spontanément » des programmes cognitifs (pensées) ou des actes moteurs volontaires (en « libre arbitre ») correspondant à des images mentales ou à des intentionnalités. Par commodité, imaginons des actions éventuelles des incitations internes S. Par exemple, imaginons que S1 suscite un mouvement volontaire selon un programme moteur ε en C_A ou, selon un autre schéma, que S2 assure la commande consciente et quasi impérative d'une réaction motrice urgente imposée par l'environnement, par exemple des gestes de défense (ε'), organisés par la commande C_B et, éventuellement, accompagnés de manifestations végétatives et émotionnelles à travers C_E (la peur, passion de l'âme, de Descartes).

Ce schéma qui, par construction, *mélange les échelles* mérite à nos yeux trois remarques :

1. Le mystère reste évidemment complet sur la nature des opérations O $\rightarrow$ S au niveau des (μ). Toutefois, le schéma a le mérite de proposer à défaut de mieux, de matérialiser au moins globalement le niveau de cette « activation » fondamentale.

2. Nous sommes restés discrets sur le site de l'inconscient, d'autant que celui-ci pourrait, ainsi que le supposent certains chercheurs, dont Dehaene et Changeux, comporter des niveaux successifs à franchir, le cas échéant, jusqu'au

conscient. Se pose alors une question : ne pourrait-on pas imaginer précisément que ce serait dans cet espace fonctionnel (e) que se succéderaient précisément aussi ces échelons de l'inconscient (lorsqu'ils sont rendus nécessaires par la modalité de disponibilité de l'information), et ce peutêtre en combinaison avec l'opération $[\mu_e]$? De toute façon, la configuration précise de l'espace (e) est totalement ouverte aux hypothèses.

3. Autre classe de problèmes, celle concernant les neurones qui assurent l'état conscientiel qui est peu évoqué en général. Quand on établit une sorte d'inventaire global des neurones qui semblent impliqués dans un état de conscience, une grande majorité, sinon la totalité, d'entre eux appartient au cortex cérébral (paléocortex inclus). Cela pourrait bien signifier que ces neurones ont une structure fonctionnelle particulière, jamais décelée jusqu'ici, semblet-il. Cette particularité les rendrait éventuellement sensibles à ces autres incitations complémentaires, probablement elles aussi nécessaires et maintes fois signalées comme conditions de la conscience (circuits adjacents, etc.). Quelles sont donc ces mystérieuses et particulières propriétés de ces « neurones de la conscience », qui sauraient (eux seuls ou aidés) effectuer la traduction O → S ? Une fois encore, répétons notre option, à savoir que la subjectivité est liée à une classe particulière de processus neuronaux ou même de types neuronaux, plutôt qu'à une émergence liée à une complexité opératoire des réseaux neuronaux.

Conclure, une fois encore

Cet ouvrage s'achève donc, ou presque, par un exposé de modèles de la conscience, limité à quelques options ouvertes par les neurosciences. Au regard des problématiques tellement plus larges que peut, aux yeux du philosophe, susciter la même question, notre choix de modèles lui paraîtra peut-être sans intérêt et l'approche scientifique du mental, un jeu sans lendemain. Même au niveau plus restreint de la neuroscience, le choix a été étroit, orienté sans aucun doute par notre propre modèle. De manière générale toutefois, nous n'attachons aux modèles qu'une importance fort limitée, sinon pour concrétiser des idées, dont l'avenir décidera de l'éventuel intérêt.

QUELQUES POINTS
ESSENTIELS, ET AU-DELÀ

Nous vivons une période où la neuroscience fonctionnelle a repris de l'importance, après un épisode de relative négligence par la communauté scientifique devenue réductrice. Ce retour s'accompagne d'un regain d'intérêt pour la structure de l'esprit qui tend à retrouver sa place dans la discussion, pour ceux du moins qui en reconnaissent l'existence. Ainsi comprenons-nous l'importance qu'ont pu reprendre des théories sur le problème, aux confins de la psychologie, de la neuroscience et du débat philosophique. Impliqué dans les neurosciences, j'ai tenu à revoir le stade actuel du très ancien débat entre domaine mental et substrat nerveux. Au début, je me préoccupais des deux positions actuellement les plus traditionnelles, matérialiste et dualiste/spiritualiste. J'ai constaté, à cette occasion, que, s'il persiste un certain « barrage », le matérialisme cérébral gagne indubitablement du terrain au fil des ans, avec la question : « Mais jusqu'où ira ce progrès ? » Pour les uns, le barrage sera bientôt franchi grâce au progrès ; pour d'autres, subsistera toujours un domaine, fût-il restreint, de spiritualisme, métaphysique et mystique, conservant de la sorte vivant un dualisme traditionnel.

C'est en revoyant à ce sujet les multiples analyses, prises de position complexes et débats d'une singulière subtilité que m'est apparue une possibilité – originale ou pas nouvelle, c'est selon – d'aller plus loin. Le processus fondamental était, à mes yeux, le passage de l'objectif O au subjectif S, et « mon expérience de l'esprit » a consisté à réduire cette opération à l'élémentaire : une incitation nerveuse élémentaire (O) mesurable subirait une transformation qualitative, une *traduction* en un signal subjectif élémentaire (S) non mesurable, dont la nature physique reste actuellement inconnue, mais qui serait une composante de base d'une perception consciemment vécue. A alors été imaginée l'existence de processeurs de base « traducteurs », [μ], opérant au niveau de la frontière théorique neurone/mental. Précisons à nouveau : comprendre scientifiquement cette opération élémentaire [μ] nous est totalement inaccessible pour l'heure, mais poser ainsi le problème O → S nous semble logiquement avancer quelque peu dans le « vide explicatif » O → S tant évoqué. Le résoudre devrait permettre d'accepter un jour le subjectif mental comme une réalité scientifique et l'introspection comme une opération désormais indiscutable. Cela laisse, en tout cas, ouverte, libre et parfaitement optionnelle la spiritualité métaphysique dont ne font plus institutionnellement partie les mécanismes mentaux. Au bout du compte, on aboutit ainsi à une façon de néodualisme, provisoire, en attendant la solution du problème objectif → subjectif. J'ai comparé ensuite mon modèle à de très bons autres, ce qui m'a aidé à soutenir ma proposition essentielle, à savoir que l'expérience consciente repose sur une succession de traductions qualitatives élémentaires (O → S) et non, comme souvent proposé aujourd'hui, sur une opération liée à la seule complexité des opérations dans les réseaux nerveux, sans aucune « bascule qualitative ».

Mais cet ouvrage comporte un autre volet d'analyse, cette fois plus spécifiquement autour de la conscience, dont l'histoire a voulu la coexistence avec l'esprit, ce dernier avec une extension plus grande et la conscience avec une compréhension plus précise. Le domaine de la conscience, dans sa délimitation actuelle, est celui du subjectif vécu – de plus en plus accepté malgré sa connotation dualiste. La conscience est multiple. Une forme dite de base existe chez l'humain et également chez un certain nombre d'espèces animales. L'homme possède également une autre conscience, celle du soi ; c'est une conscience supérieure, dite réflexive, dont on rencontre chez le chimpanzé une forme élémentaire, révélée par la « théorie de l'esprit » dont il témoigne et qui pourrait bien constituer un des facteurs de l'évolution de la vie sociale. En outre coexiste chez l'homme, avec la conscience, l'inconscient, ensemble hétérogène soit de données non vécues à un instant *t*, mais stockées et accessibles à des temps différents, soit d'opérations mentales échappant à la conscience claire et ne se traduisant que par leurs effets ou susceptibles de ne surgir qu'avec l'aide d'un tiers, opérateur analyste. Notre étude s'est dans cet ouvrage arrêtée aux marges de la psychanalyse, jugée, à notre niveau d'analyse, exagérément complexe.

Un troisième ensemble de données concerne deux classes de ce qu'il est habituel de désigner comme des états modifiés de conscience. L'un et l'autre ont un long passé ; ni l'un ni l'autre ne sont pathologiques ; tous deux concernent des modifications diversement induites de l'état mental et du comportement. Que l'hypnose, le premier de ces états, soit une modification originale corporelle et mentale du sujet a mis bien du temps à s'imposer. L'hypnose a assez vite été distinguée du sommeil. En revanche, les indices de sa réalité en tant que processus cérébral spécifique, et non comme imitation et jeu de rôle avec l'hypnotiseur, sont récents. Bien plus anciennes que l'hypnose, et d'une portée psychologique et sociale ô combien plus forte, les méditations d'abord extrême-orientales, puis exportées en Occident, ont mené à une variété considérable d'expériences psychologiques et mystiques dont l'analyse de fond n'avait pas sa place dans l'ouvrage. Le motif de notre intérêt s'est situé ailleurs, là où peut-être on ne l'attendait pas. En comparant ces deux états modifiés s'est détaché une caractéristique commune, à savoir l'effet essentiel de la posture imposée sur la modification du psychisme, qu'il s'agisse de l'induction hypnotique ou des prises de posture de la méditation, en particulier bouddhique. Cette similitude, qui mériterait sans doute davantage d'analyse de ses mécanismes, nous a paru autoriser à voir dans la posture somatique un agent modulateur d'une certaine classe de mécanismes cérébraux, ceux modulant la conscience et peut-être également même la vigilance.

Pour tout à fait conclure, achevons notre examen par une question quelque peu plus concrète, mais peu abordée dans notre texte et qui peut surprendre : « Quelle architecture et quelle localisation pour la conscience ? » Ayant, au fil du texte, largement détaillé, il est vrai, tantôt les propriétés générales de la conscience, tantôt ses fonctionnalités plus fines, sans doute avons-nous été notablement discret sur sa localisation cérébrale possible. Nous avons certes préféré une idée centrale : même si, probablement, la conscience implique des circuits longs, par exemple thalamo-corticaux, le vécu conscient lui-même n'en implique que les neurones corticaux, du moins certains, d'une classe particulière dont les caractéristiques microscopiques commencent à être soupçonnées (« neurones de la conscience »). Quant à localiser la conscience par rapport à la topographie fonctionnelle corticale, il est à mon sens clairement recommandé de s'abstenir, chaque zone corticale pouvant n'être que temporairement impliquée dans une opération ponctuelle. D'autant plus que pour certains auteurs et non des moindres, dont James et Dennett, la conscience ne serait qu'un processus dynamique sans localisation définie et arrêtée ! Qu'il s'agisse, en somme, de l'un ou l'autre de ces débats de fin, chacun d'eux presse à donner bien plus de prix à la recherche à venir et aux problèmes ouverts qu'au récit des données du passé et même du présent.

« Pourquoi, me suis-je dit au terme de ces interminables développements, ne pas interroger mon chat, celui qui me l'a inspiré un peu chaque fois que je le contemplais, et que je le voyais me suivre de ses yeux merveilleux ? "Qu'en penses-tu ?" murmurai-je alors, en désignant mes notes et mon écran. » Balthazar se tourna vers moi, me fixa, les pupilles dilatées, ne me répondit pas, se retourna sans bruit, me quitta et je ne le revis jamais plus.

ANNEXE

Les différentes méthodes d'exploration cérébrale et neuromusculaire

– EEG (électroencéphalographie) : enregistrement de l'activité électrique cérébrale sur le scalp humain, et tracé correspondant.

– ECoG (électrocorticographie) : enregistrement de l'activité électrique au contact direct des structures cérébrales, et tracé correspondant.

– EMG (électromyographie) : enregistrement de l'activité électrique musculaire, et tracé correspondant.

– MEG : enregistrement magnéto-électrographique.

– TMS : stimulation magnétique transcrânienne.

– TEP (en anglais PET) : tomographie par émission de positons.

– IRM (en anglais MRI) : imagerie par résonance magnétique.

– IRMf (en anglais fMRI) : imagerie par résonance magnétique fonctionnelle.

Alors que la TEP et l'IRM exigent une injection préalable de marqueur, le suivi en IRMf est obtenu par un signal, dit BOLD (Blood-Oxygen-Level Dependent), des variations locales et transitoires de la quantité d'oxygène hémoglobinique liées à l'activité neuronale.

Enregistrement de l'activité électrique cérébrale et classes d'activités recueillies

L'exploration s'effectue à divers niveaux de complexité selon la technique utilisée. Des électrodes de grand diamètre ne recueillent que des activités neuronales globales dont la durée très variable se situe pour l'essentiel au-dessus de 10 millisecondes ; des électrodes fines (microélectrodes) enregistrent, en revanche, des influx isolés de l'ordre de la milliseconde au contact direct des neurones. Le rapport entre ces deux classes de phénomènes n'est pas toujours commode à préciser. Selon les conditions, les activités sont, en larges électrodes, soit spontanées (rythmes), soit des réponses (potentiels évoqués) à des situations ou à des stimulus ; en microéléctrodes, ce sont des décharges neuronales en général répétitives.

Topographie des aires corticales

La topographie cytoarchitectonique (histologie neuronale) la plus couramment adoptée pour l'écorce cérébrale est celle de Brodmann (1905), avec les classiques aires : aire 4, motrice principale ; 6, prémotrice ; 1, 2, 3, réceptrices somato-sensorielles ; 17, 18, 19, réceptrices visuelles, respectivement striée 17 (ainsi nommée en raison de stries de fibres myélinisées tangentielles dans l'écorce), parastriée 18 et péristriée 19 ; 41, 42, 22, réceptrices auditives ; 8, 9, 10, 11 et 44, 45, 46, 47 associatives frontales et préfrontales ; 20, 21, 36, 37, 38, associatives temporales ; 5, 7, 39, 40, associatives pariétales.

Certains territoires ont plus récemment pris de l'importance. Situés sur la face médiane, ils sont plus volontiers repérés par sigles : AMS, aire motrice supplémentaire, GCA, gyrus cingulaire antérieur (principalement aire 24).

Structures profondes,
dont celles impliquées dans la douleur

Outre le gyrus cingulaire antérieur GCA (en anglais, ACG) et l'aire motrice supplémentaire AMS (en anglais, SMA) déjà cités, sur la face médiane du cortex, on retiendra l'insula, en particulier sa partie antérieure, déjà plus profonde dans la région temporale qui abrite également des structures rhinencéphaliques fréquemment rencontrées et citées, l'hippocampe et le noyau amygdalien en particulier.

Organisation plus détaillée
des voies visuelles chez les primates

Chez l'homme et les singes, les voies visuelles supérieures ont une organisation pour l'essentiel commune qui a fait l'objet de multiples études anatomiques, physiologiques et psychologiques. La voie ascendante principale issue de la rétine relaye dans le corps genouillé latéral thalamique pour se projeter sur l'aire occipitale striée (aire 17 de Brodmann, voir ci-dessus) dite ici V1, et accessoirement sur des aires voisines, parastriée 18 (V2) et péristriée 19 (V3), associées à des aires spécialisées dans la vision des couleurs (aire V4) et des mouvements (aire V5/MT). De cet ensemble d'aires, qui sont donc toutes occipitales, se détachent deux trajets nerveux corticaux longs : 1. un système dit dorsal de projection vers le cortex pariétal, se prolongeant, est-il estimé aujourd'hui, jusqu'au cortex frontal ; 2. un système se projetant vers le lobe temporal et dit pour

cette raison ventral. De nombreuses particularités des inté-
grations liées aux informations visuelles, soit visuo-pariéto-
frontales, soit visuo-temporales, ainsi que des déficits liés
aux lésions, trouvent une interprétation dans cette organisation anatomo-fonctionnelle. Chez d'autres mammifères,
carnivores en particulier, le cortex visuel comporte également plusieurs aires juxtaposées, striée 17 principale, parastriée 18 et péristriée 19. En revanche, les projections longues
ne sont pour l'heure pas retenues.

La voie visuelle thalamo-corticale comporte également
un autre trajet dit « extra-géniculé », relayant d'abord dans
le colliculus supérieur (« tubercule quadrijumeau antérieur »),
puis dans le noyau pulvinar du thalamus (et non dans le
corps génouillé) vers le cortex occipital.

RÉFÉRENCES BIBLIOGRAPHIQUES

Abrams R., Greenwald A., « Parts outweight the whole (word) in unconscious analysis of meaning », *Psychological Science*, 2000, 11, p. 118-124.

Ajuriaguerra J. de, « Désafférentation expérimentale et clinique », *Symposium Bel-Air II*, Georg/Masson, 1964.

Allen C., « Animal consciousness », *in* E. Zalta (éd.), *The Stanford Encyclopedia of Philosophy*, 2011.

Armstrong D., *A Materialist Theory of Mind*, Routledge, Kegan & Paul, 1968.

Baars B., « In the theatre of consciousness. Global workspace theory. A rigorous scientific theory of consciousness », *J. of Consciousness Studies*, 1997, 4, p. 292-309.

Baars B., *In the Theater of Consciousness : The Workspace of the Mind*, Oxford University Press, 1997.

Baars B., *A Cognitive Theory of Consciousness*, Cambridge University Press, 1988.

Barker A., Jalinous R., Freeston I., « Non-invasive magnetic stimulation of human motor cortex », *The Lancet*, 1985, 325, p. 1106-1107.

Baron-Cohen S., Leslie A., Frith U., « Does the autistic child have a theory of mind ? », *Cognition*, 1985, 21, p. 37-46.

Baron-Cohen S., Golan O., Ashwin E., « Can recognition be taught to children with autism spectrum conditions ? », *Proceedings of the Royal Society, Series B*, 2009, 364, numéro spécial, p. 3567-3574.

Barrucand D., *Histoire de l'hypnose en France*, PUF, 1967.

Bergson H., *Matière et mémoire*, PUF, 1965.

Blake R., Logothetis N. K., « Visual competition », *Nat. Rev. Neurosci.*, 2002, 3, p. 13-21.

Block N., « On a confusion about the function of consciousness »,
     Behav. Brain Sci., 1995, 18, p. 117-147.
Block N., Stalnaker R., « Conceptual analysis, dualism and the expla-
     natory gap », *The Philosophical Review,* 1999, 108 (1), p. 1-46.
Block N., Flanagan O., Guzeldere G. (éds), *The Nature of
     Consciousness,* MIT Press, 1997.
Bonjour L., « Epistemological problems of perception », », *in* E. Zalta
     (éd.), *The Stanford Encyclopedia of Philosophy,* 2010.
Bourdeau M., *Pensée symbolique et intuition,* PUF, 1999.
Boussaoud D., Di Pellegrino G., Wise S. P., « Frontal lobe mechanisms
     subserving vision for action *vs.* vision for perception », *Behav.
     Brain Res.,* 1996, 73, p. 1-15.
Brook A., « Kant's view of the mind and consciousness of self », *in*
     E. Zalta (éd.), *The Stanford Encyclopedia of Philosophy,* 2010.
Bruner J., « From communication to language : A psychological pers-
     pective », *Cognition,* 1975/76, 3, p. 255-287.
Bunge M., *Le Matérialisme scientifique,* Syllepse, 2008.
Buser P., *L'Inconscient aux mille visages,* Odile Jacob, 2005.
Byrne R., « What phenomenal consciousness is like », *in* R. Gennaro
     (éd.), *Higher-Order Theories of Consciousness,* John Benjamins
     Publishing Company, 2004.
Byrne R., Whiten A. (éds), *Machiavellian Intelligence : Social Expertise
     and the Evolution of Intellect in Monkeys, Apes, and Humans,*
     Oxford University Press, 1988.
Byrne R., *The Thinking Ape : Evolutionary Origins of Intelligence,*
     Oxford University Press, 1995.
Call J., Tomasello M., « Does the chimpanzee have a theory of mind ?
     30 years later », *Trends in Cognitive Sciences,* 2008, 12, p. 187-
     192.
Carruthers P., *Phenomenal Consciousness,* Cambridge University
     Press, 2000.
Carruthers P., « Higher order theories of consciousness », *in* E. Zalta
     (éd.), *The Stanford Encyclopedia of Philosophy,* 2011.
Chalmers D., « Facing up to the problem of consciousness », *Journal
     of Consciousness Studies,* 1995, 2, p. 200-219.
Chalmers D., *The Conscious Mind. In Search of a Fundamental Theory,*
     Oxford University Press, 1996.
Changeux J.-P., Connes A., *Matière à pensée,* Odile Jacob, 1992.
Cheesman J., Merikle P., « Distinguishing conscious from unconscious
     perceptual processes », *Canadian Journal of Psychology,* 1986, 40,
     p. 343.
Cheesman J., Merikle P., « Priming with and withiout awareness »,
     Perception and Psychophysics, 1984, 36, p. 387-395.
Chertok L., *L'Hypnose,* Payot, 1989.

Chevalier-Skolnikoff S., « Spontaneous tool use and sensorimotor intelligence in Cebus compared with other monkeys and apes », *Behav. Brain Sci.*, 1989, 12, p. 561-626.

Christensen T., *Creative Cognition : Analogy and Incubation*, Department of Psychology, University of Aarhus, 2005.

Churchland P., « Knowing qualia : A reply to Jackson », *in A Computational Perspective*, MIT Press, 1989, p. 67-76.

Churchland P., *Matter and Consciousness*, MIT Press, 1988.

Cohen J. *et al,*. « Temporal dynamics of brain activation during a working memory task », *Nature*, 1997, 386, p. 604-608.

Cole J., Paillard J., « Living without touch and information about body position and movement, studies on deafferented subjects », *in* J. Bermudez, A. Marcel, N. Iylan (éds), *The Body and Self*, MIT Press, 1995, p. 245-268.

Comte-Sponville A., Ferry L., *Au sujet de la sagesse des modernes. Dix questions sur le sens de la vie*, Robert Laffont, 1999.

Comte-Sponville A., *L'Esprit de l'athéisme*, Le Livre de Poche, 2000.

Cowey A., Walsh V., « Magnetically induced phosphenes in sighted, blind and blindsighted observers », *Neuroreport*, 2000, 11, p. 3269-3273.

Cowey A., Stoerig P., « Blindsight in monkeys », *Nature*, 1995, 373, p. 247-249.

Crawford, H. J., « Brain dynamics and hypnosis : Attentional and disattentional processes », *International Journal of Clinical and Experimental Hypnosis*, 1994, 42, p. 204-232.

Crawford H., « Neuropsychophysiology of hypnosis. Towards an understanding of how hypnotic intervention work », *in* G. Burrows, R. Stanley, P. Bloom (éds), *Handbook of Clinical Hypnosis*, Wiley, 2001.

Crick F., Koch C., « What are the neural correlates of consciousness », *in* Van Hemmen L., Sejnowski T. (éds), *23 Problems in System Neuroscience*, Oxford University Press, 2006.

Crick F., Koch C., « A framework for consciousness », *Nat. Neurosci.*, 2003, 6, p. 119-126.

Crick F., Koch C., « Consciousness and neuroscience », *Cerebral Cortex*, 2000, 8, p. 97-107.

Damasio A., *L'Erreur de Descartes*, Odile Jacob, 1995.

Damasio A., *Le Sentiment même de soi*, Odile Jacob, 1999.

Damasio A., *Spinoza avait raison*, Odile Jacob, 2003.

Davidson D., *Truth, Language and History : Philosophical Essays*, Clarendon Press, 2005.

De Graaf J., Liégeois-Chauvel C., Vignal J.-P., Chauvel P., « Electrical stimulation of the auditory cortex », *in* Lüders H., Noachtar S. (éds),

Epileptic Seizures : Pathophysiology and Clinical Semiology, Churchill Livingstone, 2000, p. 228-236.

Decety J., Chaminade T., « Neural correlates of feeling sympathy », *Neuropsychologia*, 2003, p. 41127-41138.

Dehaene S., Kerszberg M., Changeux J., « A neuronal model of a global workspace in effortful cognitive tasks », *Proceedings of the National Academy of Sciences USA*, 1998, 95, p. 14529-14534.

Dehaene S., Naccache L., « Towards a cognitive neuroscience of consciousness : Basic evidence and a workspace framework », *Cognition*, 2001, 79, p. 1-37.

Dehaene S., Sergent C., Changeux J.-P., « A neuronal network model linking subjective reports and objective physiological data during conscious perception », *Proc. Nat. Acad. Sci. USA*, 2003, 100, p. 8520-8525.

Dehaene S., Changeux J.-P., Naccache L., Sackut J., Sergent V., « Conscious, preconscious, and subliminal processing : A testable taxonomy », *Trends Cogn. Sci.*, 2006, 10, p. 204-211.

Dehaene S., Changeux J.-P. « Experimental and theoretical approaches to conscious processing », *Neuron*, 2011, 70, p. 200-227.

Dennett D., *The Intentional Stance*, The MIT Press, 1996.

Dennett D., « Commentary on Chalmers : Facing backwards on the problem of consciousness », *J. Consciousness Studies*, 1995.

Dennett D., « Explaining the "Magic" of Consciousness », *Journal of Cultural and Evolutionary Psychology*, 2003, 1, p. 7-19.

Dennett D., *Consciousness Explained*, Little Brown, 1991.

Dennett D., *Kinds of Minds : Toward an Understanding of Consciousness*, Basic Books, 1996.

Derek C., Penn X., Daniel J., Povinelli R., « On the lack of evidence that non-human animals possess anything remotely resembling a theory of mind », *Phil. Trans. Roy. Soc. Biological Sciences*, 2007, 362, p. 731-744.

Descartes R., *Correspondance avec Elisabeth*, 1643-1649.

Descartes R., *Discours de la méthode*, 1637.

Descartes R., *Traité des passions de l'âme*, 1649.

Descartes R., *Méditations sur la philosophie première*, 1641.

Distler C., Boussaoud D., Desimone R., Ungerleider L. G., « Cortical connections of inferior temporal area TEO in macaque monkeys », *J. Comp. Neurol.*, 1993, 334, p. 125-150.

Dodds A., Ward B., Smith M., *A Review of Experimental Research on Incubation in Problem Solving and Creativity*, Texas University, 2004.

Eccles J., « A critical appraisal of brain-mind theories », *in* P. Buser, A. Rougeul-Buser (éds), *Cerebral Correlates of Conscious Experience*, Elsevier-North-Holland, 1978, p. 347-355.

Edelman G., *Neural Darwinism. The Theory of Neuronal Group Selection*, Basic Books, 1987.

Edelman G., *The Remembered Present : A Biological Theory of Consciousness*, Basic Books, 1989.

Edwards M., Humphreys G., « Pointing and grasping in unilateral neglect : Effects of on-line visual feedback in grasping », *Neuropsychologia*, 1999, 37, p. 959-973.

Engel A., Fries P., König P., Brecht M., Singer W., « Temporal binding, binocular rivalry, and consciousness », *Conscious Cogn.*, 1999, 8, p. 128-151.

Engel A., Singer W., « Temporal binding and the neural correlates of sensory awareness », *Trends Cogn. Sci.*, 2001, 5, p. 16-25.

Epstein L., Skinner R., Skinner B., « Self-awareness in the pigeon », *Science*, 1981, 212, p. 695-696.

Erdelyi M., « A new look at the new look. Perceptual defense and vigilance », *Psychological Review*, 1974, 81, p. 1-25.

Erdelyi M., « Subliminal perception and its cognates : Theory, indeterminacy, and time », *Consciousness and Cognition*, 2004, 13, p. 73-91.

Fabre-Thorpe M., Delorme A., Marlot C., Thorpe S., « A limit to the speed of processing in ultra-rapid visual categorisation of novel natural scenes », *J. Cognitive Neurosci.*, 2001, 13, p. 171-180.

Fadiga L., Fogassi L., Pavesi G., Rizzolatti G., « Motor facilitattion during action observation : A magnetic stimulation study », *J. Neurophysiol.*, 1995, 73, p. 2008-2011.

Feigl H., « The mental and the physical », *in* H. Feigl, M. Scriven, G. Maxwell (éds), *Minnesota Studies in the Philosophy of Science II : Concepts, Theories, and the Mind-Body Problem*, University of Minnesota Press, 1958.

Fessard A., « Mechanisms of nervous integration and conscious experience », *in* E. Adrian, F. Bremer, H. Jasper (éds), *Brain Mechanisms and Consciousness*, Blackwell, 1954, p. 200-236.

Fisher C., « A study of the preliminary stages of the construction of dreams and images », *Journal of the American Psychoanalytic Association*, 1957, 5, p. 5-60.

Fisher C., « Dreams and perception », *Journal of the American Psychoanalytic Association*, 1954, 2, p. 389-445.

Fodor J., *The Modularity of Mind*, MIT Press, 1983.

Fourneret P., Paillard J., Lamarre Y., Cole J., Jeannerod M., « Lack of conscious knowledge about one's own actions in a haptically deafferented patient », *Neuroreport*, 2002, 25, p. 541-547.

Freedman S., « Experimental deafferentation in the human subject », *in* J. de Ajuriaguerra (éd.), *Désafférentation expérimentale et clinique*, Georg/Masson, 1964.

Freud S., *Le Mot d'esprit et ses rapports avec l'inconscient*, Gallimard, 1905.

Freud S., *Psychopathologie de la vie quotidienne*, Payot, 2004.

Frith C., *The Cognitive Neuropsychology of Schizophrenia*, Erlbaum, 1992.

Frith C., « Theory of mind in schizophrenia », *in* D. Cutting, *The Neurosychology of Schizophrenia*, Psychology Press, 1994.

Frith C., Corcoran R., « Exploring "theory of mind" in people with schizophrenia », *Psychological Medicine*, 1996, 26, p. 521-530.

Frith C., Frith U., « The neural basis of mentalizing, minireview », *Neuron*, 2006, 50, p. 531-534.

Frith U., Happé F., « Theory of mind and self-consciousness : What is it like to be auristic ? », *Mind and Language*, 1999, 14, p. 1-22.

Frith U., Leslie A. M., Leekam S., « Exploration of the autistic child's theory of mind : Knowledge, belief, and communication », *Child Development*, 1989, 60, p. 689-700.

Fuster J., *The Prefrontal Cortex*, Lippincott, 1997.

Gallese V., Goldman A., « Mirror neurons and the simulation theory of mind reading », *Trends in Cognitive Science*, 1998, 2, p. 493-501.

Gallup G. G. Jr, « Chimpanzees : Self-recognition », *Science*, 1970, 167, p. 86-87.

Gopnik A., « The psychology of the fringe », *Consciousness and Cognition*, 1993, 2, p. 109-112.

Grassian S., « Psychiatric effects of solitary confinement », *Journal of Law and Policy*, 2006, 22, p. 327-380.

Greenwald A., « New loook 3. Unconscious cognition reclaimed », *American Psychologist*, 1992, 47, p. 766-779.

Griffin D., *Animal Minds : Beyond Cognition to Consciousness*, University of Chicago Press, 2001.

Hadamard J., *Essai sur la psychologie de l'invention dans le domaine mathématique*, Édition Jacques Gabay, 1993.

Hebb D., *The Organization of Behavior : A Neuropsychological Theory*, Wiley, 1949.

Holton G., *Einstein, History and Other Passions*, Basic Books, 1996.

Hume D., *A Treatise of Human Nature*, livre I, 4ᵉ partie, section VI, Oxford University Press, 1740, 1978.

Hume D., *Enquiries Concerning Human Understanding*, 1748.

Humphrey N., « The social function of intellect », *in* P. Bateson, R. Hinde (éds), *Growing Points in Ethology*, Cambridge University Press, 1976, p. 303-317.

Jackendoff R., *Consciousness and the Computational Mind*, Bradford Books/MIT Press, 1987.

Jackson F., « Epiphenomenal Qualia », *Philosophical Quarterly*, 1982, 32, p. 127-136.

Jacob P., *Pourquoi les choses ont-elles un sens ?*, Odile Jacob, 1997.

James W., « Does "consciousness" exist ? », *Journal of Philosophy, Psychology and Scientific Methods*, 1904, 1, p. 477-491.

Jeannerod M., *Le Cerveau volontaire*, Odile Jacob, 2009.

Johnson H., Eriksen C., « Preconscious perception : A re-examination of the Poetzel phenomenon », *The Journal of Abnormal and Social Psychology*, 1961, 62, p. 497-503.

Joliot M., Ribary U., Llinas R., « Human oscillatory brain activity near 40 Hz coexists with cognitive temporal binding », *Proc. Natl. Acad. Sci. USA.*, 1994, 91, p. 11748-11751.

Jolly A., « Lemur social behavior and primate intelligence », *Science*, 1966, 153, p. 501-506.

Jorgensen L., « Seventeenth-century theories of consciousness », *in* E. Zalta (éd.), *The Stanford Encyclopedia of Philosophy*, 2010.

Kannwisher N., « Neural events and perceptual awareness », *Cognition*, 2001, 79, p. 89-113.

Kentridge R., Heywood C., Weiskrantz L., « Attention without awareness in blindsight », *Proceedings of the Royal Society of London B*, 1999, 266, p. 1805-1811.

Kling J., Riggs L., *Woodworth and Schlosberg's Experimental Psychology*, Holt, Rinehart et Winston, 1971.

Kihlstrom J., « The cognitive unconscious », *Science*, 1987, 237, p. 1445-1452.

Kim A, « Wilhelm Maximilian Wundt », *in* E. Zalta (éd.), *The Stanford Encyclopedia of Philosophy*, 2008.

Kornell N., Schwartz B., Son L., « What monkeys can tell us about metacognition and mind reading », *Behav. Brain Sci.*, 2009, 32, p. 150-151.

Kourtzi Z., Kanwisher N., « Representation of perceived object shape by the huùan lateral occipital complex », *Science*, 2001, 293, p. 1506-1509.

Kourtzi Z., Kanwisher N., « Activation in human MT/MST by static images with implied motion », *J. Cogn. Neurosci.*, 2000, 12, p. 48-55.

Kriegel U., « Intentional, inexistence and phenomenal inattentionnality », *Philosophical Perspective*, 2007, 21, p. 307-340.

Kunde W., Kiesel A., Hoffmann J., « Conscious control over the content of unconscious cognition », *Cognition*, 2003, 88, p. 223-242.

Lamm C., Batson C., Decety J., « The neural substrate of human empathy », *J. Cognitive Neurosci.*, 2007, 19, p. 42-58.

Largeault J., *Intuition et intuitionnisme*, Vrin, 1997.

Lau H., Rosenthal D., « Empirical support for higher order theories of conscious awareness », *Trends in Cognitive Sciences*, 2011, 15, p. 365-373.

Lawlor L., Moulard V., « Henri Bergson », *in* E. Zalta (éd.), *The Stanford Encyclopedia of Philosophy*, 2012.

Lehar S., « The dimensions of conscious experience : A quantitative phenomenology », *Consciousness and Cognition*, 2000, 9, (2).

Leibniz G. « Animadversiones (Remarques sur la partie générale des principes de Descartes) », *in Opuscules philosophiques choisis*, Vrin, 1962, p. 20-21.

Leibniz G., *Philosophical Essays*, Hackett Publ., 1989.

Leibniz G., *New Essays on Human Understanding*, Cambridge University Press, 1996.

Leslie A., « Pretense and representation : On the origin of theory of mind », *Psychol. Rev.*, 1987, 94, p. 412-426.

Levine B., Craik F. I. M. (éds), *Mind and Frontal Lobes : Cognition, Behavior and Brain Imaging*, Oxford University Press, 1993.

Levine J., « Conceivability, identity, and the explanatory gap. Towards a science of consciousness », *in* U. Kriegel (éd.), *Consciousness and Self-Reference*, MIT/Bradford, 1998.

Lewis D., « Psychophysical and theoretical identifications », *Australasian Journal of Philosophy*, 1972, 50, p. 249-258.

Libet B., *Mind Time : The Temporal Factor in Consciousness*, Harvard University Press, 2005.

Llinas R., Ribary U., Joliot M., Wang X., « Content and context in temporal thalamo-cortical binding », *in* G. Buzsaki *et al.* (éds), *Temporal Coding in the Brain*, Springer Verlag, 1994, p. 251-272.

Locke J., *An Essay Concerning Human Understanding*, Clarendon Press, 1975.

Logothetis N., « Single units and conscious vision », *Philos. Trans. R. Soc. Lond. B : Biol. Sci.*, 1998, 29 (353), p. 1801-1818.

Lutz A., Slagter H., Dunne J., Davidson R., « Attention regulation and monitoring in méditation », *Trends Cogn. Sci.*, 2008, 12 (4), p. 163-169.

Lycan W., *Consciousness and Experience*, A Bradford Book, 1960.

Maine de Biran P., *Œuvres complètes*, Vrin, 1984.

Malebranche N., *Œuvres*, Gallimard, « Bibliothèque de la Pléiade », 2 vol., 1979.

Malsburg C. von der, « Binding in models of perception and brain function », *Curr. Opin. Neurobiol.*, 1995, 5, p. 520-526.

Maquet P., Tassin J.-P, « À quoi servent les rêves ? », *La Recherche*, 2005, 390, p. 60.

Marshall J., Halligan P., « Blindsight and insight in visuo-spatial neglect », *Nature*, 1988, 336, p. 766-767.

Marten K., « Mirror image processing in three marine mammal species : Killer whales (*Orcinus orca*), false killer whales (*Pseudorca crassidens*) and California sea lions (*Zalophus californianus*) », *Behavioural Process*, 2001, 53, p. 181-190.

Marten K., Psarakos S., « Evidence of self-awareness in the bottlenose dolphin (*Tursiops truncatus*) », *in* S. Parker, R. Mitchell, M. Boccia (éds), *Self-Awareness in Animals and Humans : Developmental Perspectives*, Cambridge University Press, 2008.

Mashour G., « Consciousness unbound : Toward a paradigm of general anesthesia », *Anesthesiology*, 2004, 100, p. 428-433.

Mashour G., « The cognitive binding problem, from Kant to quantum neutodynamics », *Neuroquantology*, 2004, 2 (1), p. 29-38.

Melloni L., Molina C., Pena M., Torres D., Singer W., Rodriguez E., « Synchronization of neural activity across cortical areas correlates with conscious perception », *J. Neurosci.*, 2007, 27, p. 2858-2885.

Meltzoff A., Decety J., « What imitation tells us about social cognition : A rapprochement between developmental psychology and cognitive neuroscience », *Phil. Trans. R. Soc. Lond. B*, 2003, 958, p. 491-500.

Menant C., « Evolution as connecting first-person and third-person perspectives of consciousness », article publié en ligne, 2008.

Milner D., Goodale M., *The Visual Brain in Action*, Oxford University Press, 1995.

Milner D., Perrett D. I., Johnston R. S., Benson P. J., Jordan T. R., Heeley D. W., « Perception and action in visual form agnosia », *Brain*, 1991, 114, p. 405-428.

Mises L. von, *Théorie et histoire. Une interprétation de l'évolution économique et sociale*, Yale University Press, 1957.

Naccache L., « Visual phenomenal consciousness : A neurological guided tour », *in* S. Laureys (éd.), *Progress in Brain Research*, 2005, vol. 150, p. 185-195.

Naccache L., Gaillard R., Adam C., « A direct intracranial record of emotions evoked by subliminal words », *Proc. Natl. Acad. Sci. USA*, 2005, 102, p. 7713-7717.

Naccache S., Dehaene S., « Corrélats cérébraux de l'amorçage sémantique inconscient », *Méd. Sci.*, 1999, 4, p. 515-518.

Nagel T., « What is it like to be a bat ? », *Philosophical Review*, 1974, 83, p. 435-450.

Neisser U., *Cognitive Psychology*, Appleton-Century-Crofts, 1967.

Nichols S., Stich S., « Rethinking co-cognition », *Mind and Language*, 1998, 13, p. 499-512.

Nicolle C., *Biologie de l'invention*, Félix Alcan, 1932.

Nida-Rümelin M., « Qualia : The knowledge argument », *in* E. Zalta (éd.), *The Stanford Encyclopedia of Philosophy*, 2010.

Olton R. M., « Experimental studies of incubation. Searching for the elusive », *J. Creative Behavior*, 1979, 13, p. 9-22.

Packard V., *The Hidden Persuaders*, McKay, 1957.

Pascual-Leone A., Walsh Y., Rothwell J., « Transcranial magnetic stimulation in cognitive neuroscience : Virtual lesion, chronometry and functional connectivity », *Curr. Opinion in Neurobiol.*, 2000, 10, p. 23-27.

Patterson F., Gordon W. « The case for the personhood of gorillas », *in* P. Cavalieri et P. Singer (éds), *The Great Ape Project : Equality Beyond Humanity*, Fourth Estate, 1993 et St. Martin's, 1994.

Penfield W., Perot P., « The brain's record of auditory and visual experience : A final summary and discussion », *Brain*, 1963, 86, p. 595-696.

Perenin M., Jeannerod M., « Visual function within the hemianopic field following early cerebral hemi-decortication in man-i. Spatial localization », *Neuropsychology*, 1978, 16, p. 1-13.

Perner J., *Understanding the Representational Mind*, MIT Press, 1993.

Petitat A., « Échange symbolique et historicité », *Sociologie et Sociétés*, 1999, 31, p. 1.

Plotnik J. M., Waal F. B. de, Reiss D., « Self-recognition in an Asian elephant », *Proc. Nat. Acad. Sci.*, 2006, 103 (45), p. 17053-17057.

Poincaré H., « Du rôle de l'intuition et de la logique en mathématiques », *La Valeur de la science*, Flammarion, 1970.

Poincaré H., *L'Invention mathématique*, Éditions Jacques Gabay, 1993.

Posner M., *Chronometric Explorations of Mind*, Erlbaum, 1976.

Posner M., Raichle M., *Images of Mind*, Scientific American Books, 1994.

Povinelli D., Veer M. de, Gallup Jr. G.,Theall L., Bos R. van den, « An 8-year longitudinal study of mirror self-recognition in chimpanzees (Pan troglodytes) », *Neuropsychologia*, 2003,41, p. 229-334.

Premack D., Woodruff G., « Does the cimpanzee have a theory of mind ? », *Behavioral and Brain Sciences*, 1978, 1, p. 515-526.

Proust J., *Les animaux pensent-ils ?*, Bayard, 2003.

Rainville P., Duncan G., Price D., Carrier B.,. Bushnell M., « Pain affect encoded in human anterior cingulate but not somatosensory cortex », *Science*, 1997, 277 (5328), p. 968-971.

Raymond J., Shapiro K., Arnell K., « Temporary suppression of visual processing in an RSVP task : An attentional blink ? », *Journal of Experimental Psychology, Human Perception and Performance*, 1992, 18, p. 849-860.

Rees G., Frith C., « Methodologies for identifying the neural correlates of consciousness », *in* M. Velmans, S. Schneider (éds.), *The*

Blackwell Companion to Consciousness, Blackwell, 2007, p. 553-566.

Rosenthal D., « A theory of consciousness », *in* N. Block, O. Flanagan, G. Guzelderee (éds), *The Nature of Consciousness*, MIT Press, 1997.

Rossetti Y., « Implicit perception in action : Short-lived motor representations of space evidenced by brain-damaged and healthy subjects », *in* P. Grossenbacher (éd.), *Finding Consciousness in the Brain*, John Benjamins Publishing Company, 1997.

Rougeul-Buser A., Buser P., « Attention in cat revisited. A critical review of a set of brain explorations in fully alert animals », *Archives italiennes de biologie*, 2011, 149 (suppl.), p. 204-213.

Ruby P., Decety J., « Effect of subjective perspective taking during simulation of action : A PET investigation of agency », *Nature Neuroscience*, 2001, 4, p. 546-550.

Russell B., « Recent criticisms of "consciousness", Lecture 1 », *The Analysis of Mind*, The Pennsylvania State University, 1921, 2007.

Scholl B., Leslie A., « Modularity, development, and theory of mind », *Mind Imaging*, 1999, 17, p. 131-153.

Schwartz L., « De certains processus mentaux dans la découverte en mathématiques », *Revue des sciences morales et politiques*, 1987, 3, p. 325.

Schwartz L., *Un mathématicien aux prises avec le siècle*, Odile Jacob, 1997.

Seabrook R., Dienes Z., « Incubation in problem solving as a context effect », *in* R. Alterman, D. Kirsch (éds), *Proceedings from the 25th Annual Meeting of the Cognitive Science Society*, Cognitive Science Society, 2003.

Searle J., *The Mystery of Consciousness*, The New York Review of Books, 1990.

Searle J., *The Rediscovery of the Mind*, MIT Press, 1992.

Serck-Hanssen C., « Kant on consciousness », *in* S. Heinämaa (éd.), *Psychology and Philosophy*, Springer, 2008, p. 139-157.

Sergent C., Baillet S., Dehaene S., « Timing of the brain events underlying access to consciousness during the attentional blink », *Nature Neuroscience*, 2005, 8, p. 1391-1400.

Setchenov I., *The Reflexes of the Brain*, 1863.

Seyfarth R., « Vocal communication and its relation to language », *in* B. Smuts, D. Cheney, R. Seyfarth, R. Wrangham, T. T. Struhsaker (éds), *Primate Societies*, The University of Chicago Press, 1988, p. 440-451.

Shear J., « *Towards a science of consciousness, III*, section 9 : Phenomenology », *CogNet Proceedings Experiential Clarification of the Problem of Self*, 1990.

Shevrin H., Luborsky L., « The measurement of preconscious perception in dreams and images : An investigation of the Poetzl phenomenon », *Journal of Abnormal and Social Psychology*, 1958, 56, p. 285-294.

Shoemaker S., « Introspection and the self », *Midwest Studies in Philosophy*, 1987, 10, p. 101-120.

Shoemaker S., « Self-reference and self-awareness », *Journal of Philosophy*, 1968, 65, p. 555-567.

Silby B., « On a distinction between access and phenomenal consciousness », Department of Philosophy, University of Canterbury (NZ), 1998.

Singer W., « Consciousness and the binding problem », *Ann. Ny. Acad. Sci.*, 2001, 929, p. 1123-146.

Smart J., « Sensations and brain processes », *Philosophical Review*, 68, 1959, p. 141-156.

Smith J.., « The study of animal metacognition », *Trends in Cognitive Sciences*, 2009, 13, p. 389-390.

Smith J., Shields W., Washburn D., « The comparative psychology of uncertainty, monitoring and metacognition », *Behavioral and Brain Sciences*, 2003, 26, p. 317-373.

Soteriou M., « The disjunctive theory of perception », *in* E. Zalta (éd.), *The Stanford Encyclopedia of Philosophy*, 2009.

Souriau P., *Théorie de l'invention*, Hachette, 1881.

Squire L., Knowlton B., *in* M. Gazzaniga (éd.), *The Cognitive Neurosciences*, MIT Press, 1994.

Squire L., Schacter D., *Neuropsychology of Memory*, Guilford, 2002.

Stewart L., Walsh V., Frith U., Rothwell J., « TMS produces two dissocoable types of speech production », *Neuroimage*, 2001, 13, p. 472-478.

Stewart L., Ellison A., Walsh V., CoweyA., « The role of transcranial magnetic stimulation (TMS) in studies of vision, attention and cognition », *Acta Psychologica*, 2001, 107, p. 275-291.

Strahan E., Spencer S., Zanna M., « Subliminal priming and persuasion : Striking while the iron is hot », *Journal of Experimental Social Psychology*, 2002, 38 p. 556-568.

Thickstum J., « Intuition and consciousness », *Psychoanalytic Quarterly*, 1994, 63, p. 696-714.

Thom R., *Paraboles et catastrophes*, Flammarion, 1983.

Thorpe S., Fize D., Marlot C., « Speed of processing in the human visual system », *Nature*, 1996, 381, p. 520-522.

Tomasello M., Call J., *Primate Cognition*, Oxford University Press, 1997.

Tong F., Nakayama K., Vaughan J., Kanwisher N., « Binocular rivalry and visual awareness in human extrastriate cortex », *Neuron*, 1998, 21, p. 753-759.

Tononi G., Koch C., « The neural correlates of consciousness », *Ann. N.Y. Acad. Sci.*, 2008, 1124, p. 2390.

Tononi G., « An information integration theory of consciousness », *BMC Neuroscience* 2004, 5, p. 42.

Toulouse E., *Henri Poincaré. Enquête médico-psychologique sur la supériorité intellectuelle*, Flammarion, 1910.

Van Dalen D. (éd.), *Brouwer's Cambridge Lectures on Intuitionism*, Cambridge University Press, 1981.

Vauclair J., *L'Intelligence chez l'animal*, Seuil, 1992.

Velmans M., *Understanding Consciousness*, Routledge/Psychology Press, 2009, p. 298.

Wallas G., *The Art of Thought*, Harcourt Brace, 1926.

Watson J., « Psychology as a behaviorist views it », *Psychological Review*, 1913, 20, p. 158-177.

Weiskrantz L., *Blindsight. A Case Study and Implications*, Oxford University Press, 1986.

Whiten A., Byrne R. W. (éds), *Machiavellian Intelligence II.*, Cambridge University Press, 1997.

Willingham D., Preuss L., « The death of implicit memory », *Psyche*, 1995, 2.

Wimmer H., Hartl M., « Cartesian view and the theory view of mind : Developmental evidence from understanding false belief in self and other », *British J. of Developmental Psychology*, 1991, 9, p. 25-28.

Wimmer H., Perner J., « Beliefs about beliefs. Representation and constraining function of wrong beliefs in young children's understanding deception », *Cognition*, 1983, 13, p. 103-128.

Windholtz G., « Hypnosis and inhibition viewed by Heidenhain and Pavlov », *Integr. Physiol. Behav. Sci.*, 1996, 31, p. 155-62.

Yaniv I., Meyer T., « Activation and metacognition of inaccessible stored information. Potential bases for incubation effects in problem solving », *J. Exp. Psychol. : Learning, Memory and Cognition*, 1987, 13, p. 187-205.

Zajonc R., « Feeling and thinking : Preferences need no inferences », *American Psychologist*, 1980, 35, p. 151-175.

Zeki S., « The disunity of consciousness », *Trends Cognit. Sci.*, 2003, 7, p. 214-218.

REMERCIEMENTS

Ma chaleureuse gratitude à Odile Jacob pour avoir, une fois encore, réservé un accueil si favorable à mon projet. Je lui en exprime toute ma reconnaissance.

Grand merci à Marie-Lorraine Colas d'avoir édité mon ouvrage en m'entourant de toute son attention et de critiques, redoutables parfois, mais toujours judicieuses. Qu'elle soit ici chaleureusement remerciée.

TABLE

Le Temps, instant et durée. De la philosophie aux neurosciences, avec Claude Debru, 2011.

L'Insconscient aux mille visages, 2005.

Cerveau de soi, cerveau de l'autre, 1998.

Cet ouvrage a été transcodé et mis en pages
chez Nord Compo (Villeneuve-d'Ascq)
N° d'impression :
N° d'édition : 7381-2940-Y
Dépôt légal : mars 2013

9 782738 129406